친환경건축의 이해

함정도 • 노정선 공저

머리말

현 시대는 과학기술로 얻어진 엄청난 경제적 부와 함께 다른 한편으로는 환경오염 및 생태계의 교란, 자원 고갈, 기상이변 등 인류의 생존을 위협하는 환경문제에 직면하고 있다. 또한 도시환경 측면에서 볼 때, 개발 위주의 성장정책은 도시나 마을에서 장소성을 점차적으로 앗아가고, 결국에는 도시민에게서 공동체 의식마저 퇴색시키고 있다. 이러한 도시환경은 환경적 측면과 장소성의 부활을 통해 되살려야 하며, 이는 21세기를 살아가는 우리의 몫이라 할 수 있다.

친환경건축의 궁극적인 목표는 인위적 건축환경을 소단위의 인간생태계로 만들어, 자연생태계에 가해없이 유기적으로 연계·조화시키는 데 있다. 더 나아가 인간이라는 군집이 처한 환경과 그에 따른 다양한 생활욕구가 생존공간의 생태학적 특성과 균형·조화를 이루어 자연과 인간이 공생토록 함에 있다. 따라서 앞으로의 도시환경, 그리고 건축은 친환경적 사고체계 위에서 공동체 의식의 회복, 더 나아가 인간성 회복을 위한 지속적인 노력이 필요하다.

건축교육 또한 이러한 시대적 요구에 발맞춰 같은 궤를 이루며 진행되어야 한다. UIA는 건축학 교육과정에서 '환경친화건축(Sustainable Architecture)'을 문화적 맥락 속의 한 과정으로 요구하고, 그 교육사항으로 제반 자연의 환경적 요소에 대한 이해와 적극적 수용으로 지속가능하며, 환경부하를 줄이는 건축을 지향토록 적극 유도하고 있다. 본 서는 전체구성에서 UIA의 요구에 상응토록 노력하였다.

- 1장 -- '미래건축의 방향과 환경의 재정비'에서는 현시대에서 겪고 있는 도시환경의 상황에 대한 반성에 기초하여, 앞으로의 건축적 과제를 지속가능한 건축 및 장소성의 구축을 통하여 도시환경의 개선 방향으로 제시하고, 이에 따른 건축가의 자세에 대하여 언급하였다.

- 2장 -- '친환경건축의 정착과정과 이해'에서는 친환경건축이 현재에 이르기까지의 과정을 되짚어보면서 개념정립과 친환경건축이 환경심리 측면에서 지녀야 할 표현성을 언급하였다.

- 3장 -- '친환경건축의 건축방법'에서는 토속건축 속에 숨겨진 친환경적 실내기후 조절방식과 건조방식의 재인식을 통하여 현대건축에 반영되어야 할 친환경적 접근

방법을 사례와 함께 설명하였다. 특히 아트리움건축이 갖고 있는 환경적·기능적·사회적 측면의 중요성을 강조하여 별도로 구성하였다.

- 4장 –– '건축의 재생'에서는 거리의 질서를 형성하고 있는 옛 건축이 지닌 가치를 상징미학 및 환경적 측면에서 재인식하고, 새로운 건축물과 조화를 이루도록 발전적으로 수용하는 방법을 사례와 함께 설명하였다. 사례에 선정된 작품들은 에너지 측면과 장소성 측면이 동시에 고려된 것으로 선정하였다.

- 본문 중에 좀 더 세부적인 지식전달이 필요한 부분은 [참고사항]을 활용하여 부연 설명하였고, [참고문헌]은 분야별로 정리하였다.

친환경건축에 대한 학문적 개념접근과 공학적 지식전달을 통해 이를 이해시키는 것은 광범위한 지식이 요구되는 것으로 집필과정에서 많이 부족함을 느꼈다. 또한 친환경건축에 대한 기술적·제도적 측면의 새로운 연구가 왕성하게 계속 진행·발표되는 가운데 집필되어야 하는 어려움도 함께 있었다. 자칫 학문적으로 취급된 폭과 깊이에서 편심과 부족함이 우려됨은 어쩔 수 없었으며, 이는 본 서의 한계이다. 그리고 이는 일정한 간격을 갖고 계속적으로 보완되어야 옳겠다는 생각을 글 작업 동안 내내 하였다. 구성과 내용에 미흡한 부분은 계속 보완하여 좋은 지침서가 되도록 노력할 예정이다.

잘못된 부분은 여러 분의 질책을 기다리며, 본문내용에서 참고하였던 자료출처를 일일이 각주 처리하는 것이 지나치게 학술적인 것 같아 글 중이나, 말미에 참고문헌으로 대신하였다. 누락된 부분에 대하여는 추후 확인과정을 통하여 양해를 구하고자 한다. 끝으로 본 서의 출간을 직간접으로 도와준 기문당 강해작 사장님과 편집부 여러분, 그리고 본 대학원 원생에게 감사드린다.

2003년 7월

여름의 녹음을 바라보며 저자

차 례

제1장 미래건축의 방향과 환경의 재정비

제2장 친환경건축의 정착과정과 이해

제3장 친환경건축의 건축방법

제4장 건축의 재생

제1장 미래건축의 방향과 환경의 재정비

현 시대의 도시환경은 어느 상황에 와 있는가?
그리고 그 이유는? 그 개선방향은?

장소성이란 무엇인가, 그리고 도시는 어떻게 그 장소성을 유지시켜 나갈 수 있는가?
이 때, 건축가는 어떤 노력을 해야 하는가?

1.1 현시대의 상황과 과제

"기술의 발달은 과연 인간에게 바람직한 행복을 가져다주고 있는가? 아니면 인간의 삶의 질을 오히려 훼손시키고 있는가? 과학기술사회의 궁극적 목표는 무엇인가?"

(1) 도시와 지구환경의 변화 : 새로운 패러다임의 모색

과학기술의 발전은 인간이 자연환경을 지배할 수 있고, 또한 생태계 파괴와 에너지 고갈 등의 환경문제도 기술의 발전이 해결해 줄 것이라는 잘못된 믿음을 가지게 하였다. 그러나 심각해지는 환경오염과 에너지 고갈은 이러한 가치관에 대한 근본적인 회의에 직면하도록 했으며, 이제 우리는 기계론적 세계관이 가져온 오늘날의 현실을 직시하고 이에 대한 대안을 찾아야 하는 시점에 이르렀다. 이는 장소성의 회복과 친환경적 공간재생으로 압축된다.

1) 장소성의 회복

산업혁명 이후 급속한 도시화는 인구증가, 사회기반시설의 부족, 삶의 질 저하로 이어졌고, 이러한 도시문제에 대한 해결방법으로 과학기술에 바탕을 둔 획일적이고, 비인간적인 대량생산의 도시를 양산하게 되었다.

따라서 도시개발은 도시환경의 질보다 도시의 시설 확충, 신규 개발사업에 역점을 두었고, 이러한 '공급의 확대'로의 치중은 무분별한 철거와 재개발로 건축 폐기물을 양산하고, 역사적 공간의 파괴, 원주민의 강제이주 등 사회조직까지 허물어버린 결과를 가져왔다. 이는 우리에게 '특별하고 독특하면서도 가치 있고 건강한 정신을 주는 장소들이 얼마나 많이 없어지고 있는가?'를 생각하게 한다.

우리는 오랜 시간을 두고 자연스럽게 형성된 도시나 마을이 지닌 장소성의 이해와 그러한 장소감이 시간 속에서 형성된 과정을 이해하고, 이를 현대정신으로 수용·발전시켜 인간건축을 위한 밑거름의 하나로 삼을 필요가 있다.

도시는 건강한 환경을 제공하고, 지역의 정신을 응축하고 배양해야 한다. 그리고 지역의 고유한 분위기를 거리환경에서 찾을 수 있어야 한다.

우리는 새로운 어떤 것을 지을 때마다 장소의 정신에 대한 의무감을 가져야 한다.

2) 친환경적 공간의 재생

'국제화, 환경친화사회, 성숙사회, 정보화와 기술혁신'으로 압축되는 21세기는, 정보 네트워크를 배경으로 한 글로벌 경쟁시대이며, 지구의 환경문제가 인류의 공동과제로 부상하고 있다. 국가적으로는 소자녀, 고령사회, 성숙사회로의 이행과 개인적으로는 사회와 기술에 따른 제도 및 가치관의 급속한 변화에 대처해야 하는 시대이다.

20세기의 과학기술은 엄청난 경제적 부를 가져다 주었으나, 에너지 및 자원의 남용으로 자연환경 오염 및 생태계의 교란, 자원의 고갈, 기상이변 등 인류의 생존을 위협하는 환경문제를 초래하였다. 이와 같은 상황에서 최근 환경문제에 대한 인식이 매우 높아져 환경개선의 극복을 위한 구체적인 대안마련과 실천이 점차 시행되고 있다. 주거지 개발부분에서도 예외는 아니어서 전 세계적으로 에너지 및 자원의 절감, 대체에너지 개발, 자연환경 오염방지 및 보전, 주거지 내에서의 녹지 공간확충 및 체계화, 소생물권(Biotop) 조성 등을 통하여 생태질서를 회복하려는 움직임이 활발해지고 있다.

21세기 지구환경시대의 새로운 패러다임으로 등장한 '지속가능한 개발'(ESSD : Environmentally Sound and Sustainable Development)은 환경에 미치는 악영향을 최소화시키자는 개념으로 이른바 '환경적으로 건전하고 지속가능한 개발'을 지향하는 것이다.

▼1.1

지구에는 수많은 생명체가 살고 있으며, 또한 지구 자체가 하나의 생명체로 간주될 수 있다. 인간의 도시환경은 포화상태이며, 결국에는 지구환경이 몸살을 앓고 있는 상태에 이르렀다.

이 '지속가능한 발전'에 대한 논의는 매우 오래 전부터 이루어져 왔지만, 이 개념이 국제사회의 규범으로 부각된 것은 최근의 일이다. 즉 환경문제의 심각성에 대한 인식이 국제적으로 확대되면서 1992년 브라질 리오데자네이로에서 열렸던 유엔환경개발회의에서 '지속가능한 개발'을 기본원칙으로 한 리오선언을 채택하면서 증폭되었다. 또한 이스탄불에서 개최된 HabitatⅡ 국제회의에서는 지속가능한 주거단지 개발을 위한 국가적 실천전략을 수립할 것을 촉구한바 있다. 이와 같은 환경운동은 건축계에서 환경친화, 생태건축 등으로 연구되고 있다.

친환경건축의 궁극적인 목표는 인위적 건축환경을 소단위의 생태계(인간생태계)로 만들어 자연생태계에 가해 없이 유기적으로 연계·조화시키는 데 있다. 더 나아가 인간이라는 군집이 처한 환경 – 역사, 사회, 문화, 경제적 환경과 그에 따른 다양한 생활욕구가 생존공간의 생태학적 특성과 균형·조화를 이루어 자연과 인간이 공존할 수 있는 주거문화를 이룩하고, 이것이 건축으로 가시화되는 것을 의미한다고 할 수 있다.

(2) 국내의 상황과 대책 – 장소성과 친환경적 공간재생의 필요성

서울을 포함한 수도권 지역에는 현재 전체 국민의 45%가 집중되어 살고 있으며, 교통난, 공원 녹지의 공간 부족, 소음 등은 물론이고, 대기오염, 산성비, 수질오염 등 환경공해로 인하여 생활환경이 악화 일로에 있다. 이러한 수도권의 도시화는 자연공생적 측면에서 볼 때, 다음과 같은 여러 가지 문제점을 갖고 있다.

- 녹환경 – 녹지파괴
- 수환경 – 불투수층 증가 / 수맥절단 / 지하수 파괴
- 생물환경 – 그린네트워크 파괴

이외에 도시개발과정에서는 자연발생적 도시의 역사성을 도외시하고 양적인 도시시설 확보를 위하여 유기적 사회조직의 구조까지 파괴해버려 서울을 포함한 수도권이 갖고 있는 고유의 장소성은 훼손악화로 이어지고 있다. 이러한 결과는 기존 도시계획의 문제점에서 그 원인을 찾아 볼 수 있다.

① 도시계획의 목표와 가치기준을 도시환경의 질보다 도시확장과 도시시설의 확충에 역점을 두었으며, 이 과정에서 도시 고유의 장소성이 훼손되었다.

② 도시를 하나의 생태계로 파악하여 도시계획을 수립하지 않고, 그 주된 계획부분이 토지이용계획에 따른 용도지역 지정과 도로 및 지하철의 교통망계획에만 치중되어 있다. 따라서 자연과의 공생이라는 배려는 미미하고, 자연보전을 위한 계획은 공원이나 개발제한구역의 지정 등에만 머물고, 생태계를 고려한 적극적 도시계획은 거의 없는 상태였다.

이러한 현상황에 대하여 기존방식이 갖고 있는 근본적인 문제점을 인식하고 개선하여 우리 나름대로의 대책, 즉 - 도시의 장소성 회복, 친환경적 공간재생의 방법이 어느 때보다 절실히 요구된다고 할 수 있다.

▶1.2 서울시 인공위성 사진

한강을 중심으로 밀집된 도시화와 녹지파괴를 보여준다.(좌)

▶1.3 서울시 불투수지역도

도시화에 의한 불투수층의 증가는 수환경의 자연적 순환을 악화시킨다.(우)

참고사항 : 기계론적 세계관과 지속가능한 개발(sustainable development)

① 기계론적 세계관

기계론적 세계관은 인간의 물질적 자기이익 증대를 목표로 자연을 재배열하는 것이다. 이러한 세계관은 자연의 질서를 재창출하여 물질적 부가 축적되는 것을 진보로 여긴다. 물질적 부는 세계를 더욱 질서있게 하며, 진보는 물질적 풍요를 더욱 증대시키는 것이고, 과학과 기술은 이를 실천하는 도구라는 입장이다. 그러나 이러한 세계관은 생명력을 잃기 시작했으며, 이는 기계적 세계관이 뿌리 내리고 있는 에너지 환경이 빈사상태, 즉 한계점에 이르렀기 때문이다. 그리고 새로운 엔트로피 세계관이 등장하고 있다.

② 지속가능한 개발

"미래에 우리 후손의 욕구를 충족시킬 수 있는 능력과 여건을 저해하지 않으면서 현 세대의 욕구를 충족시키는 개발"을 말하며, 이는 일반 서민들의 기본적 필요를 충족시키기 위해서 경제개발은 당연하지만, 이 같은 개발이 생태계의 수용능력, 즉 환경용량을 초과해서는 안 된다는 것을 의미한다. 이를 위해서는

① 자원의 남용과 환경파괴를 막고, 문화유산을 보호하며 사회적 불안정을 해소하기 위해서는 절대적 빈곤의 해소로 현세대의 욕구를 충족시켜야 한다.
② 지속가능한 개발은 인구증가와 성장이 생태계의 수용능력 한계 내에서 조화를 이룰 때 추구될 수 있으며, 그 한계는 자원탐사, 기술개발 방향, 투자의 조정, 제도변화, 인식 변화 등을 통해 달라질 수 있음을 의미한다.

1.2 건축의 장소성과 인간 심성

1.2.1 건축과 인간심성의 상관성

오늘날의 도시재개발, 주택단지 개발, 도로를 따라 형성된 획일적이며 환경을 무시한 계획들에 대하여 생각해 볼 때, '특별한 개성이 있으면서도 가치 있고 건강한 정신을 주는 장소들이 얼마나 많이 없어지고 있는가?'를 생각하게 된다.

우리는 옛 시가지, 옛 전통건축이 지닌 장소성과 그러한 장소감의 오랜 시간 속에서 형성된 과정을 이해해야 한다. 그리고 이를 현대정신으로 수용·발전시켜 미래 인간건축을 위한 좋은 바탕으로 삼아야 한다.

▲1.4

현대 주거단지 형태와 옛 주거사이에서 우리는 무엇을 얻고 잃고 있는가?

(1) 장소성의 이해

1) 장소성의 의미

장소는 그 모습에 있어서 인간에게 편안·위안·소속, 그리고 자기 발전의 근거를 제공하는 그 무엇이다. 이러한 장소의 본성은 '장소가 무엇인가' 혹은 '장소가 무엇을 지니고 있어야 하는가'라는 물음에 대한 답과 밀접한 관계를 지니고 있다. 따라서 장소의 본성이라 함은 장소 그 자체를 의미하는 것이다. 장소의 본성에 관한 문제는 인간의 본성에 관한 문제로 귀착될 수 있다. 즉 '인간이 어떻게 조건지워진 존재인가'라는 물음으로부터 장소의 본성에 관한 논의가 가능하게 된다.

장소와 인간은 분리할 수 없는 것으로서 장소는 사람들과의 관계 속에서만 존재한다. 그리고 장소의 의미는 일상생활의 틀로서 사용되는 특별한 환경에 대한 인간의 반응에 의해서만 드러날 수 있다. 장소 안에서 일어나는 사람들의 반응에서, 사람들은 그들의 선호를 여러 가지 형태로 드러낸다. 내부인으로서 환경을 창출하든 아니면 외부인으로서 이러한 환경에 친숙해지든 간에, 사람들은 장소와 동일시되거나 소외되어 있다고 느낀다. 그러나 중요한 것은 어떻게 하면 사람들이 여러 가지 면에서 무형인 장소감을 실천적인 방식으로 인식하느냐는 것이다.

대부분 인간은 자신의 개별적 존재를 자연 및 인간적 차원의 복합체에 관련시킴으로써 그 존재의 의미를 부여하는 확인행위를 경험한다. 이때 확인은 하나의 선택 혹은 방향설정 행위를 전제로 하는데, 여기서 언급하는 방향설정이란 공간-시간적으로 형성된 포괄적 질서에 대한 경험을 의미한다. 즉 시간이 공간구성의 중요요소로 생각될 때 공간의 장(place) 개념이 생성되며, 인간은 공간이라는 추상적 개념보다는 장소라는 구체적 개념에서 스스로의 존재를 확인한다.

장소는 인간과 소환경의 상호 관계 속에서 성립된다. 즉 땅을 기반으로 하는 인간은 소환경과 분리해서는 존재할 수 없는 존재이다. 각각의 소환경은 나름대로의 특질을 지니고 있기 때문에 소환경은 그 땅이 지닌 독특한 분위기, 그 곳의 물리적 특성, 그 안에서 일어나는 활동과 기능, 그 곳에 이미 부여된 의미와 가치를 지니고 있다. 인간이 이러한 소환경을 접함에 있어서 그 자신만의 접촉방식과 자신이 속한 문화집단의 공유된 접촉방식을 동시에 가지고 실존적으로 경험한다.

이렇게 주어진 소환경이 한 개인의 특유한 소통방식과 그 집단이 공유한 소통방식을 동시에 만족시킬 때, 즉 대상에 대한 '동일성-동일화와 연속성'과 대상의 '개별성 - 특이성과 수월성'이 동시에 있을 때, 소환경과 인간 사이의 정체성이 확보된다고 할 수 있다. 이러한 장소의 정체성은 장소감의 중요한 구성개념으로서 정체성이 동기가 되어 '결합되어 있다는 느낌'에 영향을 미칠 수 있으며, 장소, 타인, 최종적으로는 '지역감'을 향상시킬 수 있다.

소환경과 인간의 상호작용에 의해 장소의 정체성과 장소애착이 이루어지며, 이것이 집단적 국면에서 시간적인 지속성을 가지는 종합적 특질이 장소정신이다. 또한 개인적 국면에서 상대적으로 가변성을 지니는 인간의 소환경에 대한 의식적 앎이 장소감이다. 그리고 장소성은 한 장소가 인간의 실용적 국면, 개인의 자각적 국면, 그리고 문화집단의 구성원으로서 지니는 실존적 국면에 제대로 부합함으로써 진솔성을 확보하고, 장소의 정체성과 장소의 애착을 유발하여 진솔한 장소감과 장소정신이 형성된 총체적 특질로 이야기할 수 있다.

▶1.5 환경정보의 암호화와 해독과정

장소 도상이 풍부한 소환경은 구성원에게 공유된 과거를 연상시키며, 강한 지역감 더 나아가 자아와 집단 간의 소속감을 형성하여 공동체 의식으로 발전하게 된다.

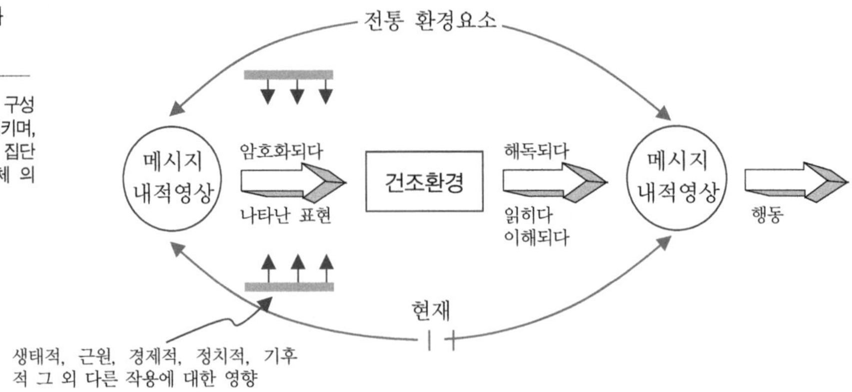

지역사회는 공통성을 기반으로 성립된다. 이러한 공통성은 사람들로 하여금 그들에게 공통된 역사를 상기시키거나 확인시켜 주는 물적 환경을 통해 표현될 수 있다. 장소 도상이 풍부한 소환경은 공유된 과거를 불러 일으킬 수 있으며, 강한 지역감을 유발할 수 있다는 것이다. 따라서 이러한 소환경을 매개로 자아와 집단 간에 소속감이 형성되고 공동체 의식으로 발전하게 된다.

이렇게 볼 때, 체험의 결과로 나타나는 장소성은 인간에게 생활세계의 중요한 근거로 작용하며, '결합'시켜 주는 힘에 의하여 장소, 타인, 더 나아가 지역감, 즉－공동체 의식을 향상시키는 중요한 환경구성요소임을 알 수 있다.

2) 장소성의 형성과정

어떤 장소감은 그것을 전달하는 많은 것들로 이루어진 무형의 느낌이다. 그것은 친숙하고 우아하며 조용한 소나무의 향기에서도, 서두르지 않고 천천히 변하는 길에서도 느껴지는, 그래서 모든 것이 매번 지나칠 때마다 새롭게 보여지는 시간 속 체험을 통하여 형성된다. 오랜 시간 속에서 강화된 이러한 지각경험의 혼합된 느낌 속에서 인간은 장소 나름대로의 '독특하고 살아 있으며, 발전시키지만 약간의 변화 뒤에 지속시키는 뭔가 특별한 것이 있다'는 것을 느끼기 시작한다.

▶1.6

오래된 나무숲은 사람의 교류를 풍요롭게 한다.

이렇게 인간은 하나의 공간이 장소(place)로 변해가는 과정을 이해하는 것이 중요하다. 전통적으로는 그 형성과정이 느리게 전개되었다. 즉 건축 외적인 요소 - 정치적, 지리적, 경제적, 문화적 상황들은 마을의 형태를 다양하게 만드는 성장의 패턴과 순서에 영향을 미치며, 전체의 구성을 유기적인 결합으로 서서히 이루어지게 하였다. 그러나 현 시대의 전개과정은 점차 빨라지고, 유기적 성장에서 요구되는 원칙들이 도외시되면서 도시형태가 활력없이 또는 사용자와 환경의 만남없이 성장하는 현상을 보이고 있다. 이러한 관점에서 볼 때, 옛 거리의 풍경은 새롭게 수용할 만한 충분한 가치를 지닌다.

(2) 자연건축과 인간심성의 상관성

전통건축이나 토속건축에 나타난 자연성은 자연건축이 갖는 본질적 요소이다. 이렇게 자연성을 지닌 토속건축은 사람들의 욕망, 꿈, 정열뿐만 아니라 그 문화의 물리적 형태, 요구와 가치 등이 직접적으로 반영되어 있는 비자의식적인 건축이다. 또한 토속건축에서는 연속성이라고 하는 하나의 끈이 이어져 내려오고 있다. 전통에 대한 애착, 장인정신, 그 지역 특유의 재료와 방법 등이 이에 해당된다. 이러한 모든 것들은 기후와 환경, 문화적이고 사회적인 고려, 심미적 노력, 가족 구성원과 정착방식의 맥락성, 이 외의 여러 요인들에 의해 조금씩 수정된다.

▶1.7 한국의 옛 초가마을

이와 같이 토속건축은 자연스럽게 그 지방의 기후 및 풍토와 어울려 인간의 삶을 담는 주거, 주거군락을 이루며, 인간문화와 밀접하게 그 스스로를 적응시켜 나갔으며, 사용재료, 형태, 환경조절 등의 모든 방법이 자연에 거슬림이 없는 자연친화, 인간친화의 과정을 지속적으로 유지하며 통합되어 온 것으로 해석할 수 있다.

이렇게 볼 때, 인간친화적 성격의 자연건축에는 인간심성과 자연스럽게 교류되는 은밀한 심미적 교류가 내재되어 있고, 그 형태감, 공간감, 세부 구성요소들은 인간심성에 장소감의 요소로 작용한다. 이에 의하여 자연건축은 음미해야 할 중요한 가치를 갖는다.

1) 자연건축의 형태·공간과 인간심성

건축을 다른 말로 표현하면 감정을 일으키는 장치이다. 때때로 건물은 사람을 저장하는 창고처럼 혹은 생명이 없는 괴물과도 같은 것으로 느껴지기도 한다. 전통적인 마을을 구성하고 있는 옛 건물들은 기하학적 사각형이 아니었으며, 이러한 자연건축의 형태, 공간은 나름대로의 의미를 지니고 있다.

- 형태와 공간 : 형태는 물체의 특징으로서 의미를 가지고 있고, 공간은 어떤 일이 일어나고 어떤 것이 머물 수 있는 곳이다. 형태는 대부분 상호간에 영향을 미친다. 둥근 형태의 공간은 커뮤니티를 형성하고, 원은 명상적이거나 사회적(토속적)인 공간을 형성한다. 그러나 사각형이 갖는 한계에도 불구하고 디자인상의 편리함이나 시공상의 문제, 그리고 재료상의 문제 때문에 우리의 현 생활환경에는 많은 사각형의 모양이 존재한다.

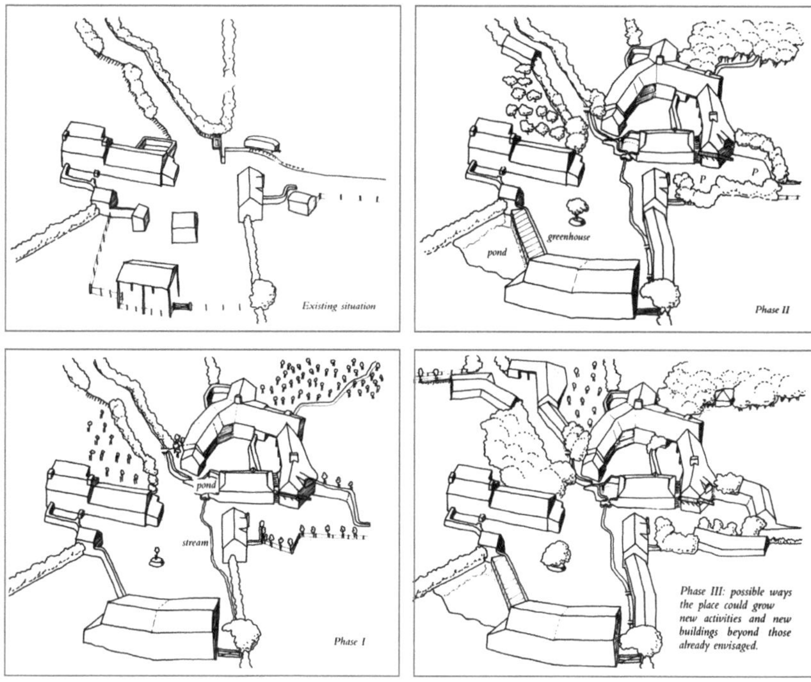

▶1.8

전통마을은 자연적 성장을 통하여 형성되었으며, 결코 기하학적 형태가 아니었다.

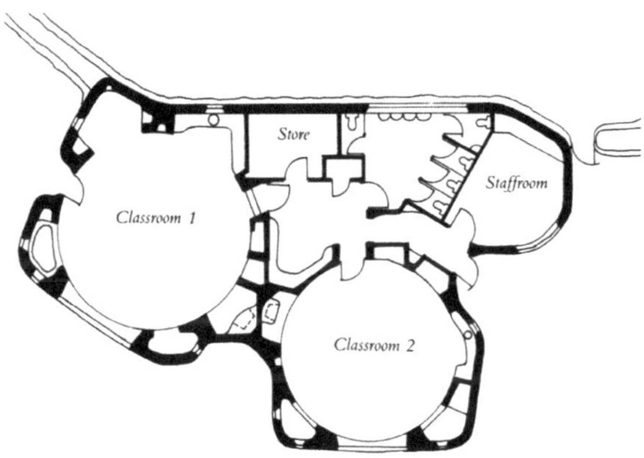

인간이 안전하게 느끼는 공간과 그렇지 못한 공간의 측면에서 볼 때, 사각이 아닌 공간이 안이든 밖이든 훨씬 편안하고 안락함을 느끼며, 비록 이러한 공간은 설계, 시공 등의 과정에서 매우 어려운 것은 사실이지만 불가능한 것은 아니다. 다만 문제는 '사각형이냐 사각형이 아니냐가 아니고, 사람이 편하게 생활할 수 있는 형태와 공간이냐 아니냐'가 더욱더 중요성을 지닌다.

- 선 : 자연스럽게 그린 선에서 형태를 느낄 수 있으며, 자연 그대로의 모습에 인공적인 직선이 가미되면 자연이 갖고 있는 조화와 생활에 가져다 주는 이점들이 사라지게 된다.
  대체로 곡선이 직선보다 훨씬 역동적이며, 사람이 그린 곡선에는 인간미가 있지만 컴퓨터에 의한 곡선에는 없다. 또한 직각형태는 인간을 위한 것이 아니라 기계와 기계의 생각에 맞춘 것일 뿐이다. 비록 힘 있는 이미지와 경제적인 부를 느끼게는 하지만 좋은 느낌을 주지는 않는다. 단단한 물질, 선, 코너부분의 처리는 반복에 의해 형성된 명백한 형태이다. 이러한 공간에는 자연스러운 인간생활이란 있을 수 없고, 또한 그러한 류의 건축물을 '인간을 위한 건물'이라 할 수도 없다.

직선과 곡선들은 서로 한계를 지니고 있으며, 서로 협력하고 조화를 이루어야 완벽해 질 수 있다. 현 시점에서 직선이 우리의 환경을 지배하고 있지만, 인간의 요구와 유용성 등의 관점에서 직선과 곡선은 '서로 경쟁하는 그러나 조화의 입장에서 융합'되어야 한다. 직각의 요소들로 구성된 전통적인 마을의 경우, 각기 다른 모양과 크기를 갖고 있지만, 조화를 이루고 있기 때문에 죽은 직선이 아니었다.

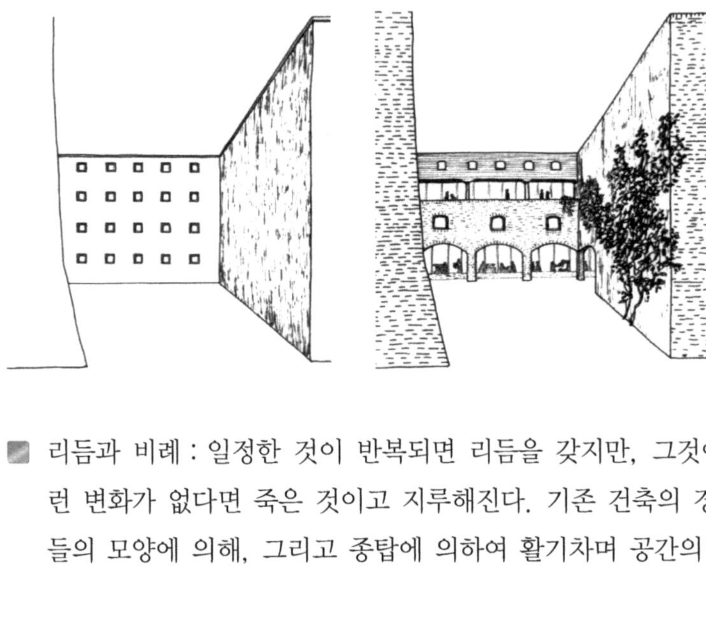

▶1.10

건축의 자연스러운 입면과 식물의 도입은 장소감을 증진시킨다.

리듬과 비례 : 일정한 것이 반복되면 리듬을 갖지만, 그것에 아무런 변화가 없다면 죽은 것이고 지루해진다. 기존 건축의 경우, 창들의 모양에 의해, 그리고 종탑에 의하여 활기차며 공간의 주축을

▼1.11 옛 마을거리에서 느끼는 건물 외관의 자연스러운 리듬

이루었다. 또한 과거의 건축 비례에는 조화성과 자연스러움을 느끼게 했으나, 현대건축에서는 점차 그 비례감이 상실되고 있다.

- 건축과 접지 : 건물이 지면과 만나는 문제는 매우 중요하며, 어떤 건물이건 지면과 만나면 그곳에 고정되고 모든 것을 다르게 만들기 때문에 더욱 중요한 문제이다. 식물이 대지에서 자라나듯이 유기적 결합을 이룰 때, 그 속에 조화와 자연스러움이 있다.

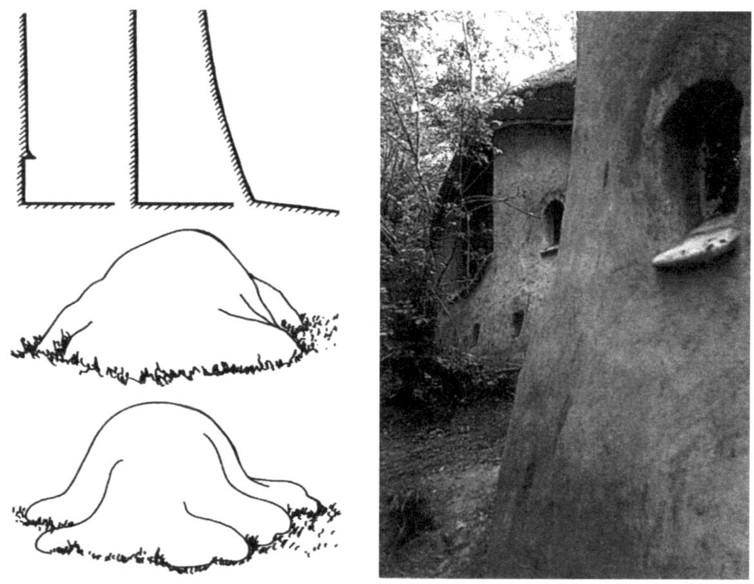

▶1.12

접지의 느낌은 건축과 땅의 관계를 알려준다.

2) 자연건축의 구성요소와 인간심성

인간은 일차적으로 빛에 의하여 형태와 공간을 파악하고, 이러한 시각적 감정은 색채와 질감, 그리고 스케일에 의해 영향을 받으며, 최종적으로는 고유의 분위기로 감지된다.

① 재료

- 색채 : 색에 대한 감정은 지극히 개인적인 것이지만, 일반적으로 빨강은 신진대사를 빠르게 하고 파랑은 그 속도를 낮춘다. 또한 노랑은 갑상선에, 파랑은 뇌하수체에, '빨강-남성의 성, 보라-여성의 성'에 영향을 준다. 이러한 지식들을 이용하여 인간감정을 조절할 수 있고, 또한 다른 분야에도 이용할 수 있다.

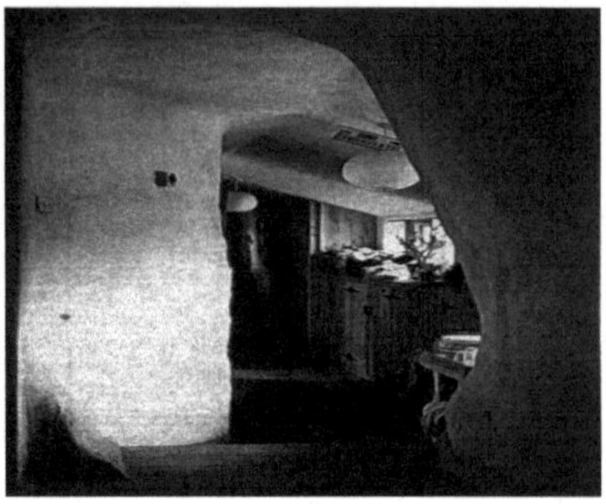

▶1.13

재료는 그 자체의 색채와 질감에 의하여 인간감정을 풍부히 한다.

■ 질감 : 아기들은 사방을 돌아다니며 만지고 물고 하면서 질감을 느끼고 공간을 파악한다. 이는 모든 재료가 나름대로의 특성을 가지고 있음을 알려준다. 목재는 따뜻함을 가지며, 벽돌은 촉감적·시각적으로 가마 속의 온기를 여전히 갖고 있으며, 강재는 견고하고 강력한 산업기계의 자극을 견딜 수 있는 견고함과 차가움을 갖는다. 플라스틱은 삶의 영역 밖에서 만들어진 것 같은 느낌과 눈에 보이지 않는 구조적인 규칙에 의해 관계된 분자기술의 어떤 느낌을 가진다. 각각의 재료들은 이러한 특성 외에도 고유의 다른 특성들을 여전히 갖고 있다.

인간은 매력적인 장소의 사진을 볼 때, '얼마나 많은 부분이 표면에 위치하고 있는가'에 주목하면서 본다. 인간의 시각은 이렇게 하늘보다는 항상 대지에 주목하므로 대지표면을 덮고 있는 물질들은 시각적으로 매우 중요하다.

또한 인간은 오랜 시간동안 변해온 물질의 흔적에서 그것의 존재감을 느끼는 경향이 있다. 물질에 대한 인간의 감정은 무작위적인 것이 아니라, 인간 존재의 영혼이 요구하는 것에 얼마나 적절한 것인가와 관계를 갖게 되는 것이다. 이러한 관계에서 인간은 자연스러운 것과 함께 하면서 외로움을 느끼지 않는다. 여기서 자연스러움은 꾸미지 않는 것을 의미하며, 이렇게 자연스러운 재료는 인간환경에서 잘 어울리고 우리에게 근본을 알 수 있도록 도와준다고 할 수 있다.

② 생명을 불어넣는 빛

빛은 생명체의 주요 요소이며, 질적·양적으로 인간의 정신건강에 지대한 영향을 준다. 공간에서 불충분한 빛은 우울증과 삶의 의욕을 저하시킨다. 따라서 우리는 삶을 지탱하는 근원으로서의 빛에 대하여 항상 생각해야 한다.

공간에 생동감을 주기 위해서 빛은 양보다는 질적 고려가 중요하다. 어떤 오브제나 장식이 없는 평범한 공간이라도 빛과 그 빛에 의한 표면 질감의 감각적 처리는 분위기를 호전시키며, 또한 인간의 생명력을 증진시킨다. 또한 외부로 난 창은 밖의 자연세계와 실내를 연결하는 중요한 매개체로서 창의 모양, 유리의 종류에 따라 들어오는 빛과 느낌이 달라지는 주요한 실내구성요소가 된다.

▶1.14

빛은 실내공간에 생명력을 부여한다.

▼1.15

조경요소는 실내공간에 자연의 풍부함을 준다.

③ 기타 요소

실내의 식물은 실내공기의 질을 향상시키며, 습기조절, 이온의 증식, 먼지흡수, 냄새를 방지하는 것 외에도 마감재료와 형태의 시각적 충격을 완화시키고, 음환경도 개선한다. 이러한 실내의 식물도입은 적은 비용으로 훌륭한 실내분위기를 연출할 수 있는 장점을 갖고 있다.

1.2.2 도시공간과 장소성

(1) 도시의 장소화

도시는 문명의 중심에 있으며, 모든 것들(사회적, 인구분포적, 논리적, 경제학적, 생태학적인 것들)의 교직 상태로 얽힌 불완전한 작은 세상이다. 또한 도시는 사람이 살거나 머무는 곳으로서 장소의 의미를 갖는 많은 체험의 장소이다. 그러나 현대의 도시에서 느끼는 이미지는 과연 어떤가?

-교통으로 가득찬 동굴들, 인간활동의 두터운 경험, 흥분됨과 짜증남
-깨끗이 마무리되고 부드럽게 디자인되었지만 삐걱거리는 건물들의 혼잡
-사람들에게서 나타나는 더러움, 가난, 긴장, 고급스러움과 풍부함 등이 뒤섞인 이미지

예전의 마을이 유기적인 성장을 통하여 서서히 활력을 가진 장소로 변해 왔으나, 현대도시는 지나친 물질적 영향에 의해 유기적 성장이 방해받아오고 있다. 장소성이 없는 도시는 사람들에게 받아들여지지 않는 땅으로서, 교통에 의해 지배된 소음, 냄새, 바람에 의해 지배된 걸어다니기에는 너무 지루한 곳이다.

▶1.16

도시의 장소성은 삶의 질을 바꾸는 중요한 요소이다. 현대의 거리풍경에는 옛 건축에서 느낄 수 있는 정감이 메말라 있다.

예전의 마을에는 장소성이 있었다. 사람의 기억 속에 자리잡은 역사적 근거를 지니고 있었다. 사람들이 기억하고 있는 장소들, 어릴 때 친구들과 재미있게 놀던 곳, 선조들의 기억이 남아 있는 장소, 마음의 안정을 주는 곳 등.......

도시는 도시민에게 장소감을 제공하고, 공동체 의식을 향상시키는 지역감을 느끼게 해 주어야 한다. 다시 말하면 다른 지역과 구별될 수 있는 지방색과 사람들의 특색을 통해 지역 고유의 분위기를 거리환경 곳곳에서 찾을 수 있도록 해야 한다.

(2) 도시계획의 방향

1) 장소화를 위한 조건

도시는 수많은 인간활동의 색깔에 의하여 개성이 주어지고, 또한 건축은 장소에 새로운 인간활동을 부여하는 것으로 정의된다. 따라서 그 장소에 무엇이 필요한지 진정한 관심을 갖는 것이 장소를 윤택하게 할 뿐만 아니라 도시발전의 관점에서도 합당하다.

거리는 다양하고 활기찬 감각경험의 장소로 작용해야 한다. 상점이 즐비한 거리는 상품이 제공되는 것 외에도 보는 것과 즐기는 것이 동시에 행해지고, 이 가운데 도시생활의 경험이 축적되는 거리이다. 따라서 건물중심보다 장소중심에서 건축계획을 접근하는 것이 좋은 도시환경을 위한 올바른 계획방법이라 할 수 있다.

① 장소의 필요조건

- 장소는 방해되지 않는 곳이어야 한다. 장소의 매력은 인간 활동에 달려 있으며, 그저 지나치는 곳이 아니라 들를 수 있는 곳이 되어야만 한다. 즉 멈추기 위한 이유를 가져야만 한다. 이는 단지 사람들을 끄는 적당한 시설을 가지는 문제만의 것은 아니다. 이는 '마음이 이끌리는 자석과 같은 매력을 가진 지역으로 되는 것인지, 아니면 쇼핑, 유흥, 사업 또는 일하는 지역으로만 되는 것인지'를 결정짓는 것에 의해 정렬되고 지원되는 것이다.
- 장소는 많은 사람들의 건강을 위하여 편안하게 움직여도 되는 휴식 제공의 공간이 될 필요가 있다.

- 경제적인 관점에서 볼 때, 계획을 건물중심보다 장소의 관점에서부터 보는 것이 그 곳이 갖고 있는 잠재력을 증진시켜 환경적으로나 경제적으로 긍정적인 방향으로 이익을 줄 수 있다.

▲1.7

장소는 여러 사람이 자연스럽게 교류할 수 있도록 해야 한다. 자동차의 출현은 사람에게서 자연스러운 교류를 빼앗아 갔다.

② 공공영역과 사적 영역

도시민은 스트레스, 일에 대한 압박감, 문화, 흥분 등의 모든 삶의 단면들을 집으로 가져가고 있다. 현대의 주거공간은 사생활의 확보가 더욱더 절실하게 요구되고, 이러한 사적 공간은 적당한 균형과 둘러쌈, 아늑함과 함께 알맞은 크기의 방과 가구들의 배치, 조명, 창 모양, 공간모양, 질감, 색깔, 그리고 적절한 실내 식물로 꾸며진 분위기를 통하여 사생활이 확보된다.

③ 매개공간의 중요성

집과 바깥세상 사이에는 어느 정도 조용한 거리와 항상 함께 할 수 있는 약간의 이웃이 있으면 좋고, 또한 집 주위를 충분히 걸을 수 있는 사적 공간이 확보되어 있으면 좋다. 따라서 나름대로의 집에 대한 영역이 필요하다. 집까지 이르는 공공영역은 매력적이고 정신성을 풍부하게 하는 건축공간적이며 인간성이 가미된 감각적인 질이 요구된다. 개인의 주택입구를 특색 있게 꾸밈으로써 변화를 주는 것이 좋다. 즉 다른 질감, 빛, 건축 구조물 등으로 자신이 다른 장소로 들어가는 것을 알 수 있도록 하는 것이다.

▲1.18 우리의 전통가옥에서 볼 수 있는 매개공간

▶1.19

공적 공간과 사적 공간 사이에는 과정공간인 매개공간이 필요하다.

④ 리노베이션의 중요성

건물을 허물거나 새롭게 고칠 때, 건물뿐만 아니라 그 장소에 대한 기억과 생각도 같이 사라진다. 따라서 그 건물이 갖고 있는 과거에 대한 연상은 유지하면서 고쳐 나가는 것이 또한 중요하다.

2) 시민을 위한 도시공간의 형성

도시는 모든 사람을 위한 곳이다. 그러므로 도시민을 위한 자연스러운 교제는 절대적으로 필요하다. 격식없는 만남이 있는 도시는 즐거운 장소가 될 수도 있으며, 이 때 사람들이 만날 수 있는 장소에는 적당한 시설의 제공이 중요하다. 특히 사람들이 무엇인가 같이 할 수 있는 장소를 마련하는 것은 그 무엇보다 중요하다. 지역사회에서 함께 아기 돌봄, 일, 공부, 운동 또는 참여할 수 있는 유흥들과 같이 무엇인가를 같이 하는 것은 서로의 벽을 허물게 한다.

① 주거계획

이웃과 접촉할 수 있는 유일한 장소인 발코니의 콘크리트화, 무미건조한 복도의 구성체계, 승강기 홀의 단조로운 디자인, 높은 담장 등은 이웃간의 교류를 단절시킨다. 따라서 이웃과 자연스럽게 교류할 수 있도록 주거의 부분적 요소를 신중하게 계획하여 옛 마을의 '이웃 개념'을 되살려야 한다.

② 청소년

청년기는 한 사람의 개인적 주체성을 향해 자라나는 시기이며, 자기자신을 알아가는 과정이기도 하다. 따라서 젊은이들이 자신을 세우고, 수용하고, 채울 수 있는 다양한 장소가 필요하게 된다. 현대도시는 활력과 서로의 만남을 줄 수 있어야 하며, 진정한 세계에서의 모험을 찾을 수 있는 환경 제공이 필요하다.

③ 어린이

어린이들이 안전하게 어울려 놀 수 있는 공간마련은 성장 초기단계에서는 매우 중요하다. 같은 또래와 무언가 적응하는, 즉 심각한 위험이 없이 그들이 숨을 수 있고, 무엇인가 만들 수 있는 그러한 공간이 중요하다. 만일 이러한 마땅한 장소가 없다면 거리에서 제공되어야 한다. 이러한 과정은 작은 사회생활이라고 할 수 있는데 육체적·정신적으로 건전하게 자랄 수 있는 토양이 된다.

이러한 놀이환경은 그 재료, 규모, 공간의 생김생김, 그리고 안전하게 처리된 모서리의 디테일 등이 세심하게 디자인되어야 하며, 이러한 선택은 좋은 건축환경뿐만 아니라 자라나는 어린이에게 발전적인 영향을 준다.

▶1.20

일본 고베에 위치한 로코 아일랜드 시티 리버몰은 직장과 주거공간을 단지 내에 인접토록 하여 쉽게 걸어서 갈 수 있도록 하였다. 또한 보행자 위주의 공간조성으로 거주민의 최대 편익과 안전, 휴식, 자연스러운 교류가 가능하도록 세심하게 고려되어 미래도시의 가능성을 보여주고 있다.

1.3 건축과 도시환경의 개선 방향

1.3.1 친환경건축으로의 패러다임 전환

(1) 자연적인 메커니즘의 이해

인류의 역사는 적절한 자연생태계의 순환장치에 의하여 지속되어 왔으며, 또한 '인위적인 변화란 자연의 일부로서 조화를 이루는 범주 내에서 지속가능하다'는 그 한계성을 주지할 필요가 있다. 이러한 생태계의 질서는 거대도시 탄생, 클수록 좋다는 물질 지상주의에 의하여 차츰 자연적 메커니즘의 상실을 가져왔고, 그 결과 환경문제, 질병, 스트레스와 정신질환, 그리고 범죄 증가 등을 가져오며 인간성 상실로까지 이어지게 되었다.

이러한 결과에 대한 반성은 인간의 지구환경과 자연에 대한 인식을 새롭게 하는 계기가 되었다. 즉 '인간은 결코 자연의 법칙을 거스를 수 없으며, 지구라는 행성도 지극히 유한한 존재'라는 사실이다.

▶표 1.1 인위적 변화와 자연의 연계에 의한 질서체계

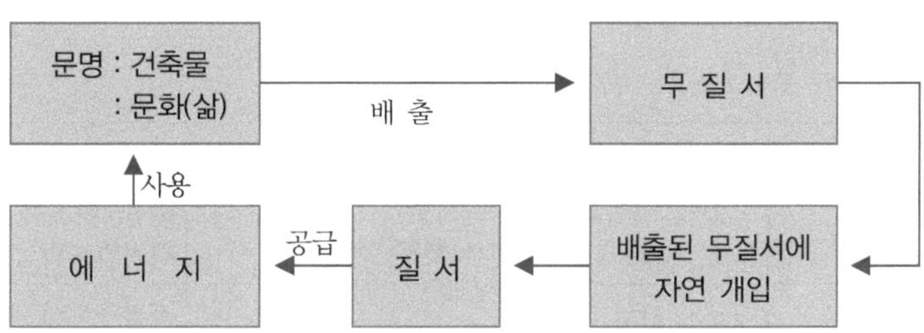

(2) 기술에 대한 비판적 시각과 생태주의

기술에 대한 인간의 시각은 시대와 더불어 열광, 비판을 거치며 현재에 다달았으며, 이로 인한 자연관의 재정립은 금세기의 가장 중요한 성과로 간주된다.

① 기술 열광시대(20세기 중반까지) – 자연에 대한 인간기술의 승리
   – 1851년 런던 엑스포/ – 1889년 파리 박람회/ – 1939년 뉴욕 박람회/ – 1933년 시카고 엑스포

② 기술 열광시대의 비판(20C – Big Science 시대)
   – 1993년 대전 엑스포 : '전통기술과 현대과학의 조화' 및 '자연의 효율적 이용과 재활용'

- 왜곡된 자연관으로 환경 오염
- 1960년대부터 시작한 '자연과 인간의 조화와 합일'에의 관심이 재해석되기 시작함.

③ 생태주의 대두 : '파괴된 환경 문제의 대안'으로 제시됨.

(3) 환경보전도시(Ecopolis)의 이해

환경보전도시(Ecopolis or Ecocity)는 'Ecological + Polis'의 합성어로서, 환경의 보전과 활용을 도모하면서 생태계 측면에서 볼 때, 다양하고 자립적이며 안정적인 순환구조를 갖는 도시 – 즉 인간과 자연생태계와의 공존을 목표로 하는 도시시스템을 의미한다. 즉 자연 · 환경 · 사람이 친화하는 도시로서 물, 에너지, 자원 등이 효율적으로 이용되고 재활용되는 쾌적하고 오염없는 도시를 지칭한다.

이러한 환경보전도시는 단순한 공해방지시설의 확충만으로는 불가능하며, 도시의 공간구조, 생활양식, 그리고 도시의 경제구조까지를 하나의 유기체로 파악하여 자연생태계의 순환구조와 통합적으로 파악·계획함으로써 해결 가능하다.

▼표 1.2 기존 도시체계와 생태도시 체계의 특성 비교
(자료 : 이현수, 생태도시의 실현을 위한 기반기술의 개발, 대한건축학회지 건축 '97. 12)

비 교		기존도시	생태도시
도시 구조	밀도	집중화, 과밀화, 거대 단핵도시 도시 외곽으로 무부별한 확산, 개발	분산, 연계화, 대핵도시 적정밀도의 소규모 자족체계(그물망 구조)
	기능	대규모 단일 기능 >>공급처리시설의 대규모화, 비용 증대 >>교통, 행정 비용 증대	적정규모의 복합적 기능화 >>공급처리시설의 적정화, 비용 절약 >>교통, 행정비용 축소
	토지이용	주거, 직장, 여가공간의 분리 >>교통 수용 유발	주거, 직장, 여가공간의 연계 통합 >>교통 수용 절감
현상	에너지	의존적, 일회적 이용 저효율, 폐열 발생 화석에너지 위주	순환적 이용 고효율, 폐열회수 미이용에너지 등 다양한 에너지원의 이용
	자원	의존적, 일회적 이용 도시 외부로부터 유입 폐기물의 대량 발생	순환 이용(재생, 재활용) 환경용량에 맞게 이용(자족) 폐기물의 저감 및 재활용
	주변환경	도시녹지 면적의 감소 및 분리 인위적 건축공간과 자연의 분리	적정 도시녹지 면적의 확보 및 연계 인위적 건축공간과 자연의 연계
	쾌적성	각종 공해 및 오염	건강 및 쾌적성 향상

1.3.2 도시환경의 재편성과 장소성 구축

(1) 도시공간이 갖는 장소성

① 체험장소로서의 도시공간

공간의 장소성(Sence of place)은 인간의 체험과 인간의 의미 부여에 의해 형성된다. 장소에 대한 감정은 ①지속적, 일상적인 접촉, ②일시적, 의도적인 아름다운 장소나 대상을 통해 동시에 느끼는 경우– 2가지의 경로를 통한 체험과 의미부여에 의해 형성된다. 이러한 의미부여는 다른 장소와 구분되는 자신만의 의미요소와 질서요소를 가짐으로써 정체성이 형성되며, 최종적으로 지역사회의 구성원에게 공통성의 기반으로 성립하게 된다.

이렇게 볼 때, 장소성은 도시주민에게 공통성의 연결매체로서, 그 '결합'시켜 주는 힘은 지역의 공동체의식을 향상시킨다.

② 문화경관으로서의 장소

도시공간은 도시의 공통된 생활방식, 즉 문화가 축적된 인공적 문화경관이다. 이렇게 도시경관은 도시민의 생활 흔적이 은유적으로 공간 속에 응결된 것으로서 이 속에서 축적된 역사(과거, 현재, 미래)를 읽을 수 있다.

도시공간이 가지고 있는 다양한 문화적 흔적은 시민에게 역사적인 기억을 공유하게 함으로써 지역감을 형성하게 한다. 그리고 이러한 흔적을 매개로 개인과 집단의 관계에서 소속감이 형성된다. 이렇게 형성된 소속감은 공동체의식으로 발전하여 장소에 대한 애착을 증가시킨다.

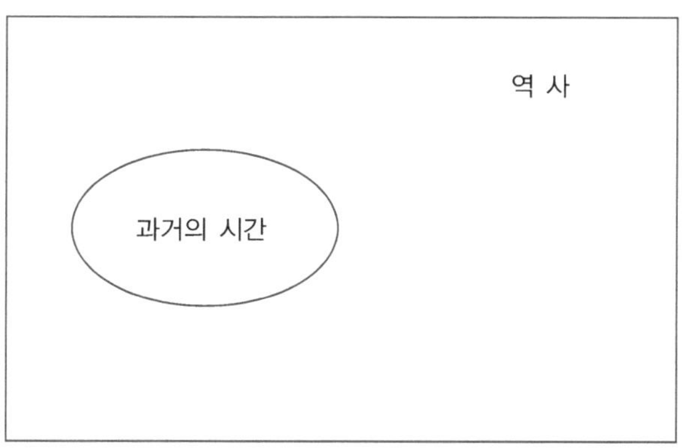

▶1.21

도시경관은 과거의 시간이 공간 속에 응결된 것으로 많은 연상을 일으킨다.

③ 유기체로서의 장소

도시는 유기적으로 성장하며, 시대변화를 수용한다. 이렇게 도시는 그 환경구성들 – 옛것과 새로운 것의 동적 균형을 유지하며, 성장해야 하는 유기적 생명체로 볼 수 있다.

(2) 도시공간의 보존과 개발이 갖는 의미

기존 도시공간의 보존은 장소성 보전에 기여한다. 또한 장소성 보전은 지역정신의 유지로 이어지고 최종적으로 공동체 의식과 인간성 회복에 기여한다.

'도시는 유기체처럼 성장하며, 시대변화를 수용하는 속성을 갖는다'라고 이해할 때, 도시는 그 환경구성들 – 옛것과 새로운 것을 도시환경에 적용시키는 방식에 대한 배려를 '장소성의 유지와 보존'과 '새로운 변화의 수용'을 '동적 균형의 유지'라는 측면에서 신중히 수용할 필요가 있다.

▲1.22

미국 보스턴의 **Quincy Market**은 재생 프로그램에 의하여 다시 활력을 갖게 되었다.

(3) 기존 도시구조 재편성의 의의와 필요성

도시는 그 구성원의 애착과 도시환경이 갖는 고유의 정체성 형성을 통하여 장소성이라는 중요한 개념으로 도시민에게 다가오고, 이는 공동체 의식을 형성시키는 주요한 인자가 된다. 이러한 도시환경은 기존의 거리 질서와 새로운 건축물에 의한 질서의 상호 유기적 조화를 바탕으로 형성되는 것이 무엇보다 중요하다. 이를 위해 다음과 같은 고려가 요구된다.

① 도시발전과 역사적 맥락을 이해할 수 있는 전통적 기반을 보존하

여 다른 도시와의 차별성 부각
② 소속감을 느끼고 도시의 제반 활동에 참여할 수 있는 구심점 확보
③ '과거와 현재가 조화되는 도시'를 통한 다양한 계층간 호감 조성

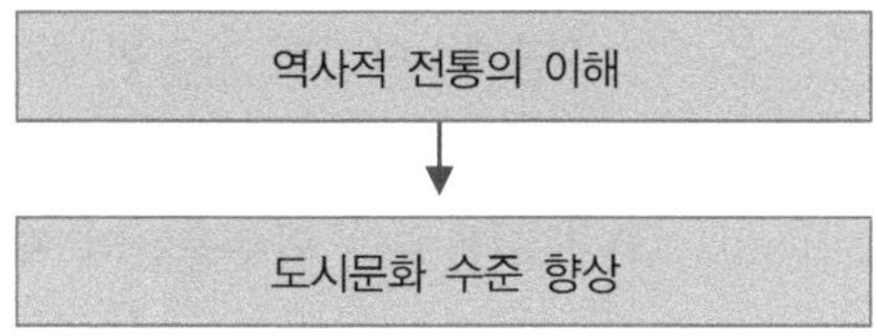

이러한 노력을 통한 도시환경의 재편성은 다양한 사회계층의 인식수준을 높이는 동기부여가 될 수 있으며, 경제적으로도 건축물의 가치 상승과 함께 주변지역에 유사한 도시환경의 재생 및 침체지구의 개량화에 파급효과를 가져다 줄 수 있다.

1.3.3 친환경공간의 재생방법

친환경건축의 궁극적인 목표는 인간과 자연이 더불어 지속적으로 존재할 수 있는 터전을 만드는 것이다. 더 나아가 인간이라는 군집이 처한 역사, 사회, 문화적 환경과 그에 따른 다양한 생활욕구가 지역의 생태학적 특성과 균형있는 조화를 이루어 주거환경을 이룩하는 것이다. 이것을 건축적으로 구체화하는 방법은 도시환경이 갖는 장소성의 구축과 친환경적 공간재생으로 요약된다.

(1) 장소성의 구축

도시공간의 장소성 구축은 기존의 거리질서와 새로운 건축물에 의한 질서의 상호 유기적 조화 속에서 진행·가능하다. 즉 도시환경은 시간의 흐름 속에서 형성된 질서체계가 유지되면서 새로운 변화의 수용으로 그 장소성을 유지토록 노력이 요구된다. 이를 위한 도시구조와 건축 재정비의 방향은 다음과 같다.

① 조사분석 단계 - 공간배치와 주변 특성 검토(건축물의 목록작성, 전통적 특성 파악)

② 도시구조 및 가로체계정비 단계 - 주요 간선가로체계 정비, 도시구조 복원, 도시구조 확인

③ 가로변 건물 파사드 재조정 단계

1단계 : 역사성 있는 건축물 선정

2단계 : 당시의 가로변 파사드 분석을 통한 공통적 특성 추출

3단계 : 건물 외관의 개보수

④ 도시블록과 외부공간의 재구축 단계

▶표 1.4 도시공간의 바람직한 변모과정

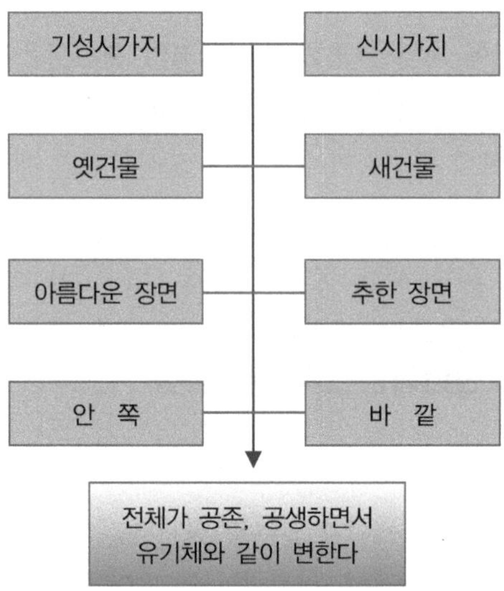

▶1.23

스페인 카니에레지역은 재생개념의 재개발을 통하여 슬럼화된 옛 성당 주변을 재생 · 활성화시켰다.

(2) 환경보전도시의 형성

① 도시를 하나의 생태계로 파악하고 계획 수립

- 녹지공간의 상호 Network 작업 - 도시 내 동식물의 자립 서식구역 확보
- 자연 정화시스템 도입(생태계의 순환체계를 응용하여 인위적 순환시스템으로 구축)
- 자전거 도로와 보행로의 Network 형성 - 확충
- 자원의 재순환 System 구축(물의 재사용 등)
- 포장되지 않는 지표면 확충

② 자연조건의 최대·최적 활용을 통한 화석에너지의 절약(Energy Conscious Design)

③ 자연소재의 활용 및 리사이클링을 통한 자연자원의 절약
- 전통적 자연재료(흙, 나무 등)의 시공기술에 현대적 공법을 접목
- 재생 가능하며, 에너지 소비가 적고, 무독성인 생태건축 소재를 활용한 새로운 건축시스템의 개발

④ 자연경관과의 유기적 연계
- 외부공간 및 건물 외피를 생물서식이 가능한 공간으로 조성하고, 이를 자연경관과 유기적으로 연계

▼1.24 도시 녹지공간의 네트워크와 야생 잔디지붕의 주거단지

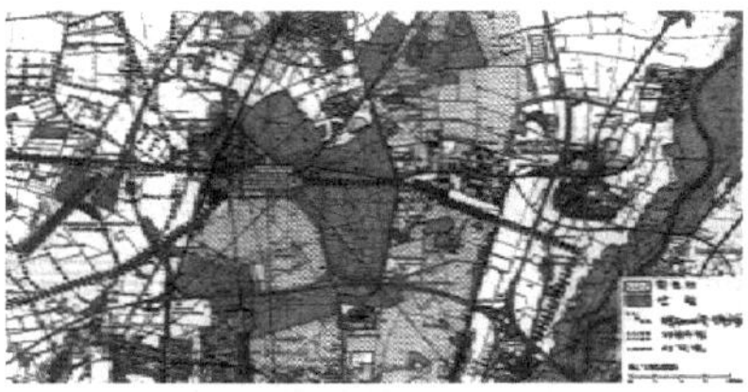

⑤ 인간의 건강과 어메니티의 향상
- 사회생태학적 개념을 적용, 내외부 생활환경의 조성과정에 거주자의 요구를 적극 반영하며, 궁극적으로는 사회적 다양성을 수용할 수 있는 공동체적 주거단지 형성

⑥ 기타
- 도시민의 시민환경 교육을 위한 시설, 제도 구축
- 환경보전을 배려한 기업 활동(소비 후 폐기까지 책임)

▶표 1.5 기존의 개발과정과 생태적 개발과정의 비교
(자료 : 김현수, 생태도시의 실현을 위한 기반기술의 개발, 대한건축학회지 건축 '97.12)

	기존의 개발과정(이득지향형)	생태적 개발과정(커뮤니티 지향적)
목표	단순히 이익의 최대화 추구	커뮤니티 욕구와 열망의 충족
수단	토지투기 및 이익을 위한 커뮤니티 개발	토지관리와 커뮤니티에 권한 위임
재정자원	주로 은행으로부터 자금 차용	윤리적 투자와 LETS-자원을 커뮤니티에 되돌려줌.
물질자원	무엇이든 편리한 것. (시장지향적, 편의주의적, 자본집약적)	신중하게 선정된 것. (건강하고, 환경친화적이며, 노동집약적)
정치	배타적, 부패의 위험, 편의주의적, 자기중심적	포괄적, 윤리적, 개방과정(open-process), 생태중심적
	경제활동의 연료로 자연과 사람을 취급	커뮤니티와 생태에 서비스하는 관점에서 경제를 봄

1.4 미래 인간건축과 건축가의 자세

1.4.1 미래 인간건축의 방향

▲1.25

미국 뉴욕 번화가에 위치한 시티콥 센터는 번잡한 도심에서 장소성을 구축하는 방법을 제시하고 있다. 선큰 광장, 지하 메트로와의 연계, 거대한 피어 구조의 필로티와 이에 의한 햇빛과 자연바람 등의 적극적 수용, 후면의 아트리움 상점건축물 등은 주변 도시인에게 자석요소로 작용하여 활력을 안겨 준다.

현대인에게 과학기술의 발전과 그에 따른 기계론적 가치관으로의 변화는 물질만능주의, 장소성의 상실 등의 병폐와 생태파괴, 에너지 고갈 등의 환경훼손을 가져다 주었다. 이제 우리는 다음과 같은 질문을 스스로에게 던져 보고 대안을 찾아야 하는 시점에 이르렀다.

"기술의 발달은 과연 인간에게 바람직한 행복을 가져다주고 있는가? 아니면 인간의 삶의 질을 오히려 훼손시키고 있는가? 과학기술사회의 궁극적 목표는 무엇인가?"

이에 대한 답은 미래의 인간을 위한 건축은 다음의 방향으로 향해야 할 것이다.

▲1.26

일본 후쿠오카의 캐널시티는 호텔, 극장, 백화점 등으로 이루어진 복합건축물로서 장소성을 잘 구현한 성공 사례이다.

① 건축에서 '공간건조에서 장소조작으로'의 인식 전환

건축행위를 건조물을 만든다는 물리적 행위에서 환경을 만든다는 포괄적인 행위로 이해한다면, 우리는 건축 행위에 대한 새로운 가능성들을 발견할 수 있다. 현대 정신은 '적극적이고 공격적인 자아인식'에서 '포용적이고 총괄적인 환경인식'으로의 사고 전환이 필요하다. 즉 건축에서도 공간건조에서 장소조작으로의 인식 전환 – 적극적인 행동양식에서 수동적인 인과 관계의 행동양식으로의 사고 전환을 의미한다.

현대 정보화사회에서 요구되는 새로운 도시의 하부구조는 건축에서 장소성 구축이 될 것이고, 그 밑바탕에는 재생의 개념이 깔려 있어야 할 것이다. 재생의 개념은 흔히 동양의 전통사상과 연관되며, 현대기술과 전통사상의 조화 모색은 현시대의 대안으로 제시되고 있다. 그리하여 '큰 것이 아름답다'는 믿음보다는 때로는 '작은 것이 아름답고', '옛날 전통적인 삶의 방식이 소중하고'하는 식의 접근이 새롭게 인식되어야 할 것이다.

② 친환경적 공간재생에 의한 도시 생명력 회복

기존의 도시계획은 환경의 전체적 고려보다는 양적 팽창에만 주력한 결과, 우리의 도시는 비인간화되고 인공화될 뿐 아니라, 오염되고 과거 역사와 단절되어 가고 있다. 따라서 우리가 살고 있는 도시를 생명력 있는 도시로 탈바꿈시키기 위해서는 친환경적 공간재생 방법이 필요하다. 친환경적 공간의 재생이란, 이제까지 경제성 위주의 도시개발로 환경을 훼손했던 공간을 환경우호적으로 다시 개조·재생함으로써 환경오염의 발생을 원천적으로 예방하고 인간과 자연이 공존하게 되는 것을 의미한다.

건축은 그 시대의 사회, 경제, 문화 및 기술적 상황이 표현되는 상징적 의미를 가진다. 특히 건축을 '그 시대정신과 사상을 표현하는 문화적 차원의 예술활동' 이전에 '인간의 기본 생활이 영위되는 쉘터(shelter)의 제공'이라는 개념에서 볼 때, 지구환경과 건축은 매우 밀접한 관계를 가지고 있다.

▲1.27

자연과의 공생관계에서 건조된 환경은 자연력 및 인간성 회복에 기여한다.

기술에 대한 근본적인 회의는 1960년대말 생태주의의 부상과 함께 시작하여, 최근 90년대 이후에는 녹색건축(Green Architecture), 생태건축(Ecological Architecture), 지속가능한 건축(Sustainable Architecture) 등의 개념으로 지구환경보호 차원에서 미래건축이 나아가야 할 방향으로 제시되고 있다. 도시의 관점에서 볼 때, 기존의 도시계획방법으로는 도시환경문제를 근본적으로 해결하는데 한계가 있음을 인식하고, 전세계적으로 국가의 발전목표를 '환경적으로 건전하고 지속가능한 개발'로 설정하고, 인간적 도시를 만들기 위해 도시개발이나 도시계획에 환경보전도시(Ecopolis or Ecocity) 개념을 도입하였다. 이를 위해서는 다음과 같은 노력을 기울여야 할 것이다.

도시를 하나의 생태계로 파악하여 도시생태계를 먼저 이해해야 한다. 즉 도시의 공간구조, 생활양식, 그리고 도시의 경제구조까지 하나의 유기체로 파악하고 자연생태계의 순환구조와 통합적으로 연계·계획함으로써 환경보전도시로 진행함이 중요하며, 이로서 도시생명력의 회복이 가능하다.

▶표 1.6 미래건축의 방향

〈건축개념의 재정립〉 '공간건조에서 장소조작으로'의 인식 전환	+	〈통합 환경디자인〉 친환경적 공간재생에 의한 도시생명력 회복

↓

공생원리에 의한 인간성 회복과 공동체 의식의 부활

1.4.2 미래 인간건축을 위한 건축가의 자세

"진정한 장소성은 컴퓨터에 의한 정보화 시스템이나 기술산업이 아니라, 인간정신에 의해서만 생겨난다."

미래의 건축은 장소에서, 생태주의에 근거한 생명유지에서, 우리가 살고 있는 현대의 정신에서 비롯되어야 한다. 건축은 이전보다도 더 인간과 자연 사이에서 조화롭게 운영되어야 한다. 건축은 그 자체로서 존재하고 있지만, 그곳에는 장소의 어떤 정신이 깃들어 있어야 한다. 실제로 우리의 주변환경은 무책임한 행위로 인하여 파괴되고 있지만, 부단한 노력으로 회복시켜야 한다.

- 건축가는 계속된 인간 삶의 질을 높이기 위해 일생을 통하여 끊임없이 장소화의 구체화 과정, 매 단계를 충실하게 진행해야 한다. 그리하여 공간의 기능성, 공간감, 그리고 건축형태의 제 요소들은 서로 밀접한 관계에 놓임으로써 모든 건축물과 이와 관련하여 형성되는 모든 인간행태들은 이런 거대한 의사소통과 연관되는 것이 필요하다. 사상, 관습, 그리고 장소 사이의 대화, 미래에 이루어질 것과 과거에 행해졌던 것 사이의 의사소통, 물질과 보이지 않는 장소의 정신 – 이것은 어떠한 건축행위에 있어서도 기본적인 의무감이다.

- 건축가는 장소에 대하여 보고, 듣고, 사고하며, 적어도 건축과 자연이 양립할 수 있는 방법을 찾기 위해 끊임없이 노력해야 한다. 즉 자연과 공생하기 위하여 적절한 건축물들로 구성코자 하는 부단한 노력이 필요한 것이다. 대지와 조화를 이루는 스케일의 건물 규모, 낮은 처마, 대지형태와의 조화로운 삽입·확장을 통한 건축 배치, 울타리선의 변경 등을 통하여 대지의 특징과 밀접한 관계를 갖는 환경을 구성해야 한다.

- 건축가는 건축이 주는 즐거움, 사회성, 체험을 생각해야 한다. 건축가는 경사지고 꾸불꾸불한 통로를 선택할 수 있어야 하며, 마음의 문을 열고 많은 주변의 이야기에 귀를 기울여 사람들에게 좀 더 친숙한 공간을 만들어 주어야 한다. 다이어그램을 명사(noun) 간의 단순한 관계가 아니라 부사적(adverb)으로 읽어 나아가는 관계로 생각한다면 전혀 새로운 계획이 가능해질 것이다.

- 건축가는 잘 조직되어 있는 것과 삶을 채워주는 것, 이성적이며 감정을 느끼게 하는 것, 곧은 듯이 굽어져 있는 것, 본질적이며 일시적인 것, 물질이며 빛인 것 등 전혀 색다른 방법으로 건축가는 풍부한 자연과 더불어 인간환경에 건강을 주는 그 무엇인가를 도입해야 한다. 건축가는 삶을 거듭 태어나게 하고, 영혼에 영향을 주며, 정신을 풍부하게 하는 건축환경을 형성해야 할 필요가 있다. 그리하여 건축가에게는 고객의 요구를 건물에 담는 것, 즉 '같은 가치를 공유'하는 것이 중요하다.

▼1.29

도시는 인간의 삶을 풍부하도록 거리의 장소성이 회복되게 건축가의 부단한 노력이 요구된다.(좌)

▼1.30

카니에레 재개발계획은 옛거리의 맥락을 되살린 좋은 예의 하나이다.(우)

제2장 친환경건축의 정착과정과 이해

- *친환경건축은 어떤 과정을 거쳐 현재에 이르고 있나?*
- *친환경건축은 그 형태와 공간감을 무엇에 근거를 두고, 어떻게 표현·구축됨이 옳을까?*

2.1 정의

2.2 친환경건축의 정착과정과 개념

2.3 친환경건축의 표현성

2.1 정 의

▲2.1 독일 샤프릴 생태주거단지 모습

친환경건축은 유기체와 그것을 둘러싸고 있는 유·무기환경과의 연관관계를 연구하는 생태학을 건축에 접목시킨 것으로서, 자연과 건축환경이 공존공생할 수 있는 건축을 말한다. 즉 인간이 만들어내는 건축을 생태계의 순환원리로 구축하여 그 인위적인 생태계가 자연생태계와 유기적으로 통합될 수 있도록 하는 것이다. 이러한 생태학의 연구성과에 따라 인간과 그 주위를 둘러싸고 있는 자연환경과의 관계, 더 나아가 인간·건축환경, 그리고 자연환경 간의 연계성이 점차 구체화되고 있다.

현재 독일을 중심으로 유럽에 널리 전파되고 있는 생태건축은 친환경건축의 대표적인 예로서, 그 지향하는 구체적 목표는 다음의 네 가지로 요약된다.

- 자연조건의 최대·최적 활용을 통한 화석에너지의 절약
- 자연소재의 활용 및 리사이클링을 통한 자연자원의 절약
- 자연경관과의 유기적 연계
- 인간의 건강과 어메니티의 향상

따라서 친환경건축은 소재의 생산에서 건축물의 시공·유지관리, 그리고 폐기에 이르기까지 총체적으로 에너지 및 자원을 절약하고, 자연경관과의 유기적 연계를 도모하여 자연환경을 보전하며, 인간의 건강과 쾌적성 증진을 추구하는 건축으로 정의할 수 있다.

이러한 친환경건축은 경험주의적 철학에 근거하여 자연환경의 일부로서 인간의 생존을 유지하고 더 나아가 자연스럽고 쾌적한 환경을 만들기 위해 환경을 주체로 하는 건축이념을 표방한다. 건축역사를 통해서 볼 때, 국수적 낭만주의, 유기적 건축, 맥락주의, 메타볼리즘, 생태건축 등은 환경과 밀접하게 연관된 건축의 조류라고 할 수 있다.

2.2 친환경건축의 정착과정과 개념

2.2.1 친환경건축의 정착과정

기술에 대한 인간의 시각은 시대와 더불어 열광, 비판을 거치며 현재에 이르렀으며, 이로 인한 자연관의 재정립은 금세기의 가장 중요한 성과라 할 수 있다. 건축의 흐름에서 볼 때, 건축기술의 발전에 부응하는 큰 흐름의 다른 한편에서는 자연과 인간, 그리고 건축의 조화를 시도하는 꾸준한 흐름이 이어져 왔다.

(1) 태동기(1860~1920)

19세기 영국의 고딕 복귀운동가들에 의해 '고딕 정신의 복귀와 자연에 대한 순응적 태도'를 기반으로 유럽 근대건축의 초기 운동과 스칸디나비아의 국수적 낭만주의(National Romanticism)운동의 도래로 나타난 건축적 태도, 그리고 미국의 토속양식을 기반으로 형성된 전원풍의 양식에서 그 사례를 찾을 수 있다.

· 예술과 수공예 운동(Arts & Crafts Movement)
· 아르누보(Art Nouveau)

▶2.2 A. 가우디, 가사바틀로, 1907(좌)

▶2.3 A. 가우디, 가사바틀로, 지붕 디테일(우)

· 표현주의(Expressionism) : 유형의 태도는 유기체 조직의 세부구조나 현상에 관심을 갖고 전개

· 낭만주의(National Romanticism) : 규칙이나 법규의 종속보다 성장과 적응의 생물학적 변화를 추구, 환경과 끊임없이 조화를 이루면서 성장과 적응을 진행하는 특성

▶2.5 스타이너, 괴테아눔, 1914 ①

▶2.6 P.V 젠슨 크린트, 구른빅 교회 ②

▶2.7 E. 멘델존, 아인슈타인 탑 1921 ③

· 싱글 양식(Shingle style) : 세부요소와 단순성, 자유로운 평면계획과 목재판재를 이용, 단지 생동감 넘치는 선적 표현에 의한 장식이나 형태표현에 그친 단계

▲2.8 1880년대 지어진 싱글양식의 주택, 미 동북부

▶2.9 1890년대 싱글양식의 주택 외관과 내부전경

(2) 형성기

1930년대에 이르러 인간을 자연의 일부로 간주하고, 자연의 원리에 대한 본질적 해석과 전개로 이어진다. 주로 미국과 북부지역에서 국수적 낭만주의 경향을 띤 건축가들에 의해 전개되었는데, 이는 그 당시의 큰 흐름인 국제주의 양식과 정면으로 병립될 수 있는 표현으로 해석된다.

▶2.10 H. 샤로운, 베를린 필 연주홀, 1963

유기적 건축가로 대표되는 독일의 휴고 헤링(Hugo Haring), 한스 샤로운(Hans Scharoun), 미국의 프랭크 로이드 라이트(Frank Lloyd Wright), 핀란드의 알바 알토(Alvar Aalto)를 중심으로 그들의 사상과 일부 작품에서 자연과 유기체의 질서관을 중심으로 이루어지는 단계이며, 각 지역의 토속적 건축과 결합하여 연속성과 독자성을 확립하기 위한 성숙된 노력으로 나타나는 시기로 볼 수 있다.

- 유기적 기능주의(Organic Functionalism)
- 프레리 양식(Prairie Style)

▼2.11 F.L. 라이트, 프레리 양식의 주택계획안, 1901

(3) 발전기

1950년대 이후 전개되는 건축적 상황은 상실되어가는 인간성에 대한 반성, 각 지역의 특성을 고려한 지역성과 개성의 강조, 환경 파괴에 대처하기 위한 인간과 환경의 상호 보완적 관계를 구축하고자 하는 흐름이 형성되었다. 이러한 시대적 흐름은 1950년대 이후 풍토주의, 지역주의, 대중주의, 맥락주의 등의 개념 속에서 건축적 맥락을 형성했으며, 1970년대 후반부터는 환경주의에 입각한 생태적 건축과 인간의 인식을 역사양식으로 해석하여 다양하게 전개함으로써 유기적 개념의 재인식과 새로운 해석이 필요한 시기로 인식되고 있다.

따라서 유기적 개념이나 사상을 건축에 적용시킨 근대 건축가들(F. L. Wright, H. Haring, H. Scharoun, A. Aalto 등)의 계승적 맥락은 모더니즘 시기에 등한시되었던 건축과 환경과의 조화, 개인생활과 집단생활과의 타협, 지역성과 개성의 표현, 다원성과 복합성, 전통성과 상징성 등의 표현을 문제해결의 주안점으로 추구하였다.

- 메타볼리즘(Metabolism)
- 맥락주의(Contextualism)/대중주의(Populism)
- 환경주의(Enviromentalism)/생태건축(Ecological Architecture)/지속가능한 건축(Sustainable Architecture)

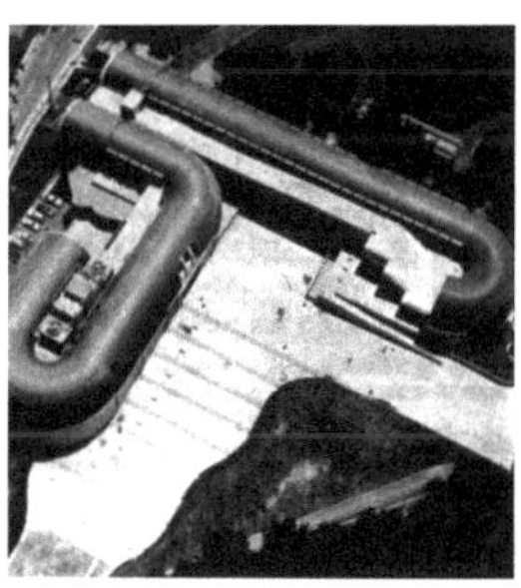

▶2.12 메타볼리즘(Metabolism)의 예

이소자키, 기타큐슈 도서관, 1975

▶2.13 맥락주의/대중주의의 예

R. 벤츄리, 길드하우스, 1963

▶2.14 생태건축의 예

불교도 요양소계획안, 영국, 1994

▶2.15 파리의 일본문화센터계획안, 1990

2.2.2 친환경건축 개념의 이해

건축의 해석은 기능과 형태, 내용과 형식, 예술과 자연 등의 관계정립을 통하여 전개되어 왔다. 고전주의 시기에는 형식이 내용을 지배하는 극단적 규율, 진리, 규범의 형식성을 건축에 요구하는 경향을 띤 반면, 낭만주의적 유기적 경험주의의 경우, 내용이 형식을 지배하는, 즉 – 건축을 인간의 경험, 지각인지, 구성적 맥락과의 적합성 등의 관점에서 판단하는 변화를 가져왔다.

이러한 배경에서 친환경건축은 경험주의적 철학에 근거하여 자연의 일부로서 인간의 생존을 유지하고 더 나아가 환경을 주체로 하는 건축이념을 표방한다. 유기성에 대한 인간의 해석과 전개과정을 건축역사를 통해서 볼 때, 환경과 밀접하게 연관된 건축개념의 흐름은 크게, 유기적/메타볼리즘/맥락주의/생태주의 등의 순서로 정리된다.

(1) 유기적 개념

1) 유기적 개념의 형성 배경

현대의 유기적 개념은 생물학, 문학, 심리학, 미학 등의 발전과 더불어 건축개념에 도입된다.

① 생물학적 배경

19세기 다윈(Charles Darwin)은 그의 진화론에서 '유기체의 변형은 주변환경의 힘과 환경에 대응하는 유기체 스스로의 자율적 변화와의 상호작용에 의한 결과'임을 주장했다.

② 문학적 배경

문학에서의 낭만주의는 이성보다는 감성, 추상보다는 자연, 겉모습보다는 단순성을 선호하여 자유·힘·사랑·이념 등의 감응을 불러일으키는 것을 주요 구성요소로 하였다. 또한 인간이 자연이나 고전의 단순성으로 회귀할 것과 추상적 가치보다는 인간적 가치를 명확하게 표현할 것을 강조했다.

③ 심리적 배경

현대 심리학은 지각과 인지과정에 대한 연구 – Gastalt 지각이론, 생태(Ecological)이론, 실험심리학 등 – 을 통하여 근대에서 주관적 표현형식을 논리적 문제로 대체하고, 인간의 체험과정에 보다 객관적이고 실증적 자료를 제공하였다. 이러한 연구결과는 '대상의 의미나 표현성은 본질적으로 대상 내에서 주어진다'로 압축되며, 이는 대상을 보는 주체인 인간에 의하여 대상의 의미가 결정되는 것을 의미하고 있다.

④ 미학적 배경

미학에서 유기적이란 개념은 19세기에 크게 발전하였다. 오스본(Harold Osborne)은 현대미학에서 '유기적 전체를 미적 대상으로 간주하여 이러한 대상이 구성 요소들간의 조화와 통일로서 이루어진다'고 주장하여 '인간과 자연의 친밀한 조화로 이루어지는 환경구성'에 가장 적절한 원리로서 유기적 개념을 인식하였다.

2) 유기성의 건축적 의미

'유기적'의 사전적 의미는 다음과 같다.

① 생물의, 유기체의, 동식물의
② 어떤 특정한 자연적인 법칙에 따르는
③ 어떤 특정 기능을 가진 인간 또는 동식물의 상이한 조직이 조합된 한 단위의 자연에 속한 또는 그와 관련된
④ 많은 조직, 요소 등이 모여 일정한 목적하에 전체를 이루고, 서로 긴밀히 연관되어 부분과 부분, 부분과 전체가 서로 떼어 낼 수 없는 관계를 가지고 있는

이와 같이 유기적이란 유기체와 같이 많은 부분이 모여서 한 개의 물체를 만들고, 그 각 부분 사이에 긴밀한 통일을 이루어 부분과 전체가 필연적인 관계를 가지는 상태를 말한다.

유기적 건축의 정의는 1900년경 L. 설리반이 그의 저서 「Kindergarten Chats」에서 유기적이란 '살아 있다는 것, 발전한다는 것을 의미한다.'고 하였다. 또한 설리반의 유기적 건축사상을 계승·발전시킨 F.L. 라이트의 정의에 의하면, '분열한 인격이나 분열한 문화에 대한 항의이고 실재의 완전한 파악을 의미하며, 사고와 감정을 하나로 합치려는 상태'를 말하고 있다. 또한 1953년 「Architectural」지에 실린, 유기적 건축언어

(The Language of Organic Architecture)에서 '본래 건축에 사용된 유기적이라는 것은 전체가 부분에 대하듯이 부분이 전체에 대하는 것을 의미한다.'라고 정의하고 있다.

이렇게 볼 때, 유기적 건축에 나타난 개념은 건축의 목적이나 기능, 형태, 재료와 방법들이 그 상호작용에서 질서 있는 일종의 '자연적 종합(natural integrity)'이 달성된 상태를 의미하며, 또한 자연과 인간을 존중하는 태도는 생명성의 배경이 되는 지역성과 개별성을 바탕으로 생명성을 추구하는 것으로 정의될 수 있다.

▶2.16 L. 설리반, 오디토리움, 1889(좌)

▶2.17 L. 설리반, 스코트 백화점, 1904(우)

▼2.18 F.L. 라이트, 탈리아신 웨스트, 1959(하·좌)

▼2.19 F.L. 라이트, 제이콥스 주택, 1943(하·우)

(2) 메타볼리즘(metabolism)

신진대사를 의미하는 메타볼리즘이라는 생물학적 용어는 건축의 성장과 변화를 추구하는 일본의 건축가를 중심으로 결성된 'Group1960'에 의하여 제안된 개념이었다. 이 메타볼리즘은 메커니즘, 변화, 그리고 우주선을 상기시키는 점에서 영국의 Archigram과 비슷한 것으로서, 그들의 의도와 계획안을 통하여 시도하고자 하는 바를 알 수 있다.

참고 : 아키그램과 메타볼리즘

· Archigram : 사회요구에 따라 변화와 교환이 가능한 시스템을 주제로 이동성과 확장성의 개념을 해석하는 과정에서 시스템이 취하는 극단적 형태 표현으로 나타냄.

· Metabolism : 유기적 생명원리를 생산과 소비라는 기계적 해결로 인식하여 일시적 전위운동의 양상을 보임.

▲2.20 구로가와, 캡슐 탑상주거, 1972

"과거의 건축과는 달리 현대건축은 가변적이고 가동할 수 있고, 이해 가능한 건축이 아니면 안 되며, 현대의 변화하는 시대적 요구에 부합할 수 있는 것이 아니면 안 된다. 현실의 동적인 움직임을 반영하기 위해 필요한 것은 고정적이고 정체된 기능이 아닌 끊임없이 변화하는(metabolic) 움직임이 필요한 것이다. … 우리들은 기능과 형태에 대해서 생각하는 것을 그만두고 그 대신 공간과 가변적인 기능에 대해서 생각하지 않으면 안 된다."

▶2.21 아키그램, 움직이는 도시안, 1964 (상)과 프러그-인 시티(하), 1966

이렇게 메타볼리스트들은 디자인이나 기술을 인간의 생명력의 외연(外延)으로 간주하고, 인간 발자취의 기록, 즉 역사의 신진대사를 자연적으로 받아들이는 것이 아니라, 적극적으로 촉진하려고 의도하였다. 이러한 메타볼리스트에 의한 '공간과 가변적 기능'의 건축개념은 "도시에의 제안" 계획 등에서 다음과 같은 시도로 나타난다.

- 용기나 세포형태로 격자상 프레임에 충전 혹은 부착되는 방법에 중점을 둔 이미지에 몰두
- 디자인의 고정요소와 가변요소의 명확한 구분, 종종 기념비적인 성격의 거대한 타워를 '고정요소'로 도입하고, 이에 표준화된 '가변요소'를 부착하는 구축방식의 제안
- 건축언어에는 기계적 이미지를 이용하고, 세포나 벌집모양의 유기적 구조에 관심을 두고, 이의 확장에 의한 해상도시, 군조형(群造形)을 향하여 공중도시 등을 제안

이렇게 볼 때, 전형적인 메타볼리스트의 디자인 전략은 다음과 같이 개괄된다.

① 공간을 기본 유닛으로 분할한다.
② 기본 유닛을 설비유닛과 생활유닛으로 분할한다.
③ 각 유닛의 공간에서 metabolic rhythms(변화의 흐름)에 차이를 명확히 한다.
④ 다른 metabolic rhythms을 가진 공간간의 접속이나 결합을 명확히 한다.

메타볼리스트들의 웅대(雄大)한 이상은 비록 실현되지 못했지만, 그들의 이념은 소규모 형태로 표현되었던가 경우에 따라서는 다른 건축가에

▼2.22 단게 겐죠, 야마나시 통신센터, 1966(좌)

▶2.23 엑스포를 위한 물의 도시, 1975(우 · 상), 오사카 세계박람회 후지관, 1970(우 · 하)

게 영향을 주었다. 이후에 시대는 다르지만 기쇼 구로가와의 캡슐타워(Capsule Tower, 1972), 기뇨노리 기꾸다께의 아쿠아폴리스(Aquapolis) 등은 메타볼리즘의 발상을 구체화시킨 작품이라고 할 수 있다.

(3) 대중주의·맥락주의(Populism·Contextualism)

C. 젱크스는 1960년 이후의 건축 흐름을 크게 레이트모던(Late Modern)과 포스트모던(Post Modern)으로 대별하고, 레이트모던이 기술·동선·효율성 등의 근대적 가치에 최우선권을 준 반면에, 포스트모던은 도시문맥과 사용자들의 가치, 그리고 장식과 같은 항속적인 건축표현 수단들의 사용을 강조하는 건축으로 구별하고 있다.

이러한 이념과 양식, 디자인 방법론의 차이에서 볼 때, 대중주의, 맥락주의는 건축의 표현성에서 도시맥락·상징성·장식·은유 등을 수용하고 표현하여, 친숙하고 대중적인 이미지를 구축하고자 하는 포스트모던의 한 흐름으로 해석할 수 있다. 이러한 흐름 속에 나타나고 있는 주요현상은 다음과 같다.

① 주위환경의 지역적, 문화적, 역사적 맥락을 중시하고, 건축에서 이를 반영하여 주위의 환경, 맥락과의 동질성과 연속성을 추구
② 전통적, 역사적, 지역적 건축요소와 장식요소의 은유, 유추, 기억, 연상 등을 통한 건축의 상징화
③ 평범하고 친숙한 대중적 이미지를 건축에 부여

이러한 흐름에 주도적 역할을 한 주요 관련 건축가로는 R. 벤츄리, C. 모어, R. 스톤 등으로서 간략히 설명하면 다음과 같다.

로버트 벤츄리(Robert Venturi)

① 대중주의 건축의 선구적, 대표적 건축가로서 과거의 경험과 이미지, 기억의 연상 작용을 통하여 의미와 상징성을 지닌 건축을 추구함.
② 관습적이고 대중문화적 요소를 건축에 도입하여 대중의 취향과 대중문화의 다원성에 대응하는 건축관은 '의미의 다의성(Multivalence)

과 기호(Code) 전달체계로서의 건축'을 주장하는 C. 젱크스의 건축이론과 상호 유사함을 보인다.

- **찰스 무어(Charles Moore)**
  신체와 기억을 통해 체험되고 지각되는 장소(Place)로서의 공간창조에 치중하여 전통적·토속적 형태와 장식을 이용함으로써 대중적이고 친숙한 장소와 공간을 창조

- **로버트 A.M. 스턴(Robert A. M. Stern)**
  지역적이고 문화적인 맥락, 그리고 역사와 전통에 대한 이해를 기반으로 의미 있는 형태를 창조하는 복고주의적 수법과 절충주의적 수법을 구사

▼2.25 C. 무어, 이탈리아 광장, 1979(좌)

▼2.26 M. 그레이브스, 문화회관계획안(1978)(중)

▼2.27 P. 존슨, ATT 빌딩, 1979(우)

(4) 생태건축(Ecological Architecture)

생태주의는 자연을 단지 대상으로만 파악하고자 하는 '왜곡된 자연관이 오늘날 환경 위기의 근원'이라고 간주한다. 70년대 에너지 파동 이후 본격적으로 대두된 건축계의 이러한 동향은 건축을 시각적으로 표현하는 독립적 개체로 간주하지 않고, 자연생태계의 일부로서 존재하는 '주변환경과 순응하는 또는 자연과 함께 하는 건축'으로 정의하고 있다.

이것은 건축이란 인간과 환경측면에서 환경으로부터 인간의 오관을 통해 전달되는 자극을 자연적인 방법으로 극소화함으로써 감각적으로 쾌적한 환경을 조성하고자 하는 행위 또는 그 결과로서의 인공물을 의미

하게 되는 것이다. 생태건축은 이러한 움직임의 일부로 볼 수 있다.

생태건축은 1970년대 초 독일의 생태건축에 그 기원을 두고 있다. 인간의 무분별한 건축적 행위가 환경파괴로 직결되고 있다는 현실적 인식이 생태학적 지식을 반영한 새로운 건축적 대안을 찾게 했는데, 1979년 P. und M. Krusche 등은 이를 생태건축으로 명명하고, 공식화하기 시작했다. 이들은 생태건축을 '자연환경과 조화되며, 자원과 에너지를 생태학적 관점에서 최대한 효율적으로 이용하여 건강한 주생활 또는 업무가 가능하도록 한 건축이다.'라고 정의하였다. 따라서 자연의 순환체계를 만들고, 자연자원을 활용하여 환경부하가 없도록 하자는 다음과 같은 기본 목표를 설정하고 있다.

- 건축물 시공과 유지관리에 필요한 에너지와 자원의 수요를 최소화한다.
- 자연시스템과 재생가능한 자원을 효율적으로 활용한다.
- 물과 공기의 오염, 외부로 방출되는 열, 폐기물, 폐수의 양과 농도, 그리고 토양의 포장을 최소화한다.
- 대지 주변에 다양한 종류의 동물과 식물이 서식 가능하게 한다.
- 건축물의 주위경관과 어우러지게 배치하여 건강한 주생활과 업무가 가능하게 한다.

생태적으로 가장 좋은 환경은 인간의 구축적 행위가 없는 자연 그대로의 상태이겠지만, 인간이 존재하는 한 건축적 행위는 멈추지 않을 것이고, 이러한 무분별한 건축행위는 곧 자연환경의 파괴로 이어지게 된다. 따라서 자연의 순환법칙에 어긋나지 않는 개발, 즉 균형잡힌 순환체계의 실현과 유기적 협동체로서의 사회를 수용할 수 있는 건축의 형성은 생태건축이 그 바탕에 깔고 있는 기본 전제인 셈이다. 이런 점에서 생태건축이 갖는 의미는 최대한 자연 그대로의 상태를 유지하기 위한, 가장 좋은 환경을 유지하기 위한 대안으로서 그 의미가 있다.

2.3 친환경건축의 표현성

2.3.1 현대건축의 표현경향

모더니즘(Modernism)은 1차 세계대전 후 국제주의 건축양식을 태동시키는 양식적 결과로 나타났으며, 1950년 이후의 모던에 대한 재해석과 자연환경에 대한 인식부각, 인간에 대한 본질적 의미해석 등은 현대건축의 성격에 변화를 가져왔다. 그리하여 현대건축의 표현경향은 크게 '인간 지향적'과 '기술 지향적'인 측면에서 대별될 수 있다.

(1) 인간에 대한 모델

근대의 인본주의에 근거한 사고는 인간의 요구에 대해 보다 구체적으로 정립시키는 계기가 되었다. Gastalt 지각이론, 생태(Ecological)이론, 실험심리학 등은 건축의 주관적 표현형식을 논리적 문제로 대체하여 인간의 체험과정에 보다 객관적이고 실증적 자료를 제공하였다. 특히 매슬로(A. Maslow, 1970)는 인간요구를 목적지향의 행동을 유도하는 동기로 정의하고, 시대적 상황의 변화에 따라 인간의 요구와 건축에 대한 견해가 변함을 시사하였다. 또한 1970년대 에너지 파동 이후 대체 에너지원의 개발과 자연환경에 대한 재인식은 친환경으로의 생활양식을 모색케 하는 변화를 가져왔다.

▶표 2.1 매슬로(A. Maslow)의 인간욕구 5단계에 대한 건축적 해석

항 목	건 축 적 해 석
자기실현의 욕구	프라이버시 및 정체성의 확보, 심미성 형성
자기존중의 욕구	개인의 개체성 표현, 상징성과 특이성의 표현
소속감의 욕구	공간의 위계질서 확보
안전성의 욕구	영역성, 위요성, 정위성 등의 확보
생리적 욕구	건축환경 기본조건(열, 빛, 음환경)의 확보

이러한 건축에 대한 현대적 개념변화는 도시환경에서 장소성의 회복과 자연생태계와 함께 하는 공생개념이 중요하게 부각되고 있다. 이에 대한 현대건축의 경향을 요약하면 다음과 같다.

① 장소성 회복

체험된 역사적 도시환경의 파괴와 자연환경의 오염, 무계획적 발전 등에 대한 전후의 건축적 추세는 인간에 대하여 과거의 전통과 역사 및 대중성을 가미시킨 상징성과 인간의 실존적 의미를 토대로 한 질서와 구조의 의미를 부각시키는데 있다.

② 자연환경에 대한 재인식과 공생

자연을 단지 대상으로만 파악하는 왜곡된 자연관이 오늘날 환경위기의 근원이라고 생각하고, 건축을 생태주의에 입각하여 자연생태계의 일부로서, 주변환경과 순응 또는 자연과 함께 하는 건축으로 정의한다. 그리하여 친환경건축으로서, 자연생태계에 가해 없이 유기적으로 연계·조화시키며 더 나아가 인간의 생활환경이 장소성 회복을 통한 인간성 회복에 주력한다.

(2) 기계·기술 모델의 표현

기능주의에 입각한 모더니즘 건축은 구체적인 일상세계와 실존적 의미를 상실하고, 기술의 추상미학적 표현은 형식주의의 목적을 성취하는 방향 – 미래파 운동, 입체파 운동, 신조형주의 등 – 으로 전개되었다. 모더니즘은 형태의 이미지가 고유의 전체 이미지로 이해되어 자의식적 경우로 나타나 가벼운 유리피막의 상자형 형태와 유동하는 보편적 공간형태로 표현되는 경향을 보였다. 이러한 형식주의적 표현성에 나타난 공통점은 다음과 같다.

- 추상미학의 표현으로 기계법칙의 산물과 예술가의 직관으로 인식
- 원색의 사용, 기본요소, 기본유형에 대한 강조, 표현의 정직성, 유형의 단순성
- 유리의 광범위한 사용으로 내부와 외부의 상호관입
- 수직과 수평선의 강조.

이러한 모더니즘 건축의 표현형식 – 즉 단순성, 공간의 균질화, 추상적 형태, 기계적 미학, 기술과 구조, 안티–메타퍼(anti metaphor), 탈상징성 등은 1960년대 이후 레이트모던으로 발전하게 된다. 레이트모던은 기술·동선·효율성 등의 근대적 가치에 최우선권을 주고, 지역주의

의 가치를 현대건축과 문화적 주체성의 관점에서 모더니즘을 과장하여 활성화시키는 방향으로 전개되었다. 생산주의에 입각한 하이테크 건축과 다른 한편에서는 기존 개념을 해체하는 방향으로 흐르게 된다.

① **생산주의**(Productivism) / **하이테크**(High-Tech Architecture)

1970년대부터 사용되기 시작한 'High-Tech'라는 용어는 공장생산제품을 사용한다는 생산주의와 같은 맥락에서 이해된다. 생산주의는 건축의 입체가 동질적이고 통합된 서비스시설(전력, 빛, 열, 환기 등)에 의하여 유지되고, 구조와 서비스의 분절된 표현과 생산 그 자체의 순수한 형태표현을 기본원칙으로 하고 있다.

이러한 원칙은 하이테크 건축의 표현형식에서, 외피재료로 주로 사용되는 금속재와 유리제품의 재료 성질을 표현하려는 점과 시공과정을 통한 투명성- 즉 접합부의 디테일 문제에 중점을 두면서 기계적 미학을 확고히 하려는 특성으로 나타난다. 특히 구조와 서비스 체계, 공간의 가변성, 단위개체 끼우기 등을 통하여 우아한 공학기술의 표현성을 강조하고 있다.

▶2.30 R. 로저스, 로이드 빌딩, 1979

▶2.31 N. 포스터, 홍콩은행, 1986

② **해체주의**(Deconstructivism)

1980년대 중반 이후 건축계에 가장 큰 충격으로 받아들일 수 있는 해체주의는 건축의 기존가치, 즉 구조에 대한 조화·통일·안전성에 대하여 도전함으로써 새로움을 구축하고자 하는 흐름이다. 따라서 전통건축의 순수형태와 공간구조에 내재된 기존 질서는 분열 · 전위 · 편향 · 일탈 및 비틀림 등의 변형 · 왜곡을 통하여 교란되고, 이는 내적 구조와 구축물 속에서 새로운 공간형태로 나타나게 된다.

▲2.32 F. 게리, 빌바오 구겐하임 미술관, 1997

▲2.33 F. 게리, 와이즈만 미술관, 1993

2.3.2 유기적 표현의 해석

유기적이란 유기체와 같이 많은 부분이 모여서 한 개의 물체를 만들고, 부분과 전체가 필연적 관계를 가지는 상태로 정의되며, 이에 근거한 유기적 건축의 개념은 건축의 목적이나 기능, 형태, 재료와 방법들이 그 상호작용에서 질서 있는 일종의 '자연적 종합(natural integrity)'을 지향하는 건축이라 할 수 있다. 이러한 유기적 건축은 태동, 형성, 발전의

▶2.34 ▶2.35

유기체의 발아, 성장과정에는 생명체의 신비감이 있다.

과정과 유기체의 물리적 모방에서부터 출발하여 성장과정의 모방, 유기적 통합 내지는 생태적 균형의 모방의 과정을 거치면서 그 표현성을 구축하고 있다. 각각의 표현형식은 다음과 같다.

(1) 물리적 모방

- 자연과 유기체의 외형적·물리적 형태를 창조 행위에 대한 영감의 근원으로 간주하고, 자연을 인간의 감각과 정신의 주제 및 예술의 모델로 인식하고 시적 영감과 표현의 근원으로 추구한다.
- 건축형태나 형식표현에서, 모방의 대상으로서 자연형태와 현상관계를 파악하고 이를 상징화 과정을 거치며 대상 건축물의 특이성으로 디자인화하는 형식의 표현으로서, 유기적 전체의 시각적 외형이나 구성에 적용한다.

▶**2.36** H. 기마르, 파리 지하철 역사, 1900

▶**2.37** A. 가우디, 카사밀라 지붕디테일, 1907

(2) 성장과정의 모방

- 예술품을 자연의 과정으로 인식하여 구성하려는 원리이다.
- 예술작품의 창조과정이 유기적 성장과정과 유사해야 한다는 개념으로 해석한다.
- 예술품의 형식이나 형태가 유기체와 같이 유기적으로 성장한 실체이어야 함을 강조한다.

〈주요 사례〉

프라이스타워(F.L. Wright, 1956)

· 건물이 대지에서 자연스럽게 성장한 것처럼 보여주어야 하고, 자연이 지배적인 곳에서는 그 환경과 조화를 이루도록 해야 한다.

· 즐겨 사용한 나무구조의 유추는 수직적으로 곧게 뻗은 줄기와 주근에서 수평으로 뻗어 있는 줄기와 같이 캔틸레버화된 수평층과 나무잎과 같이 벽으로 처리한 건물구조의 형태 등으로 나타난다.

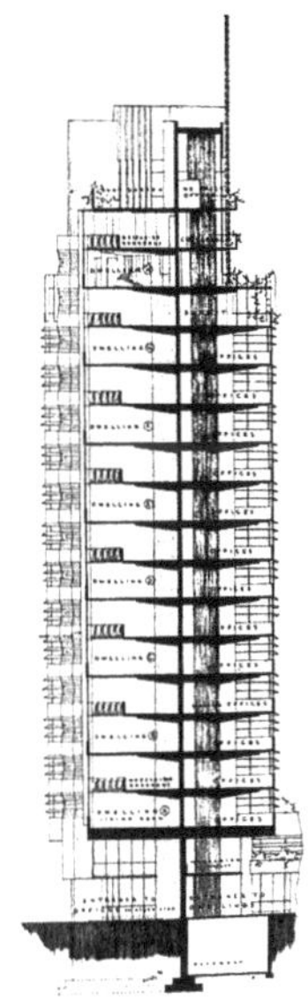

▶2.38 프라이스타워, 전경 및 단면(F. L. 라이트, 1956)

Central Beheer 사무동(Herman Hertzberger, 1972)

성장의 개념을 토대로 공간의 개체성을 부여한 건물이다.

영국 Byker 재개발 주거(Ralph Erskin, 1968)

영국의 Byker 재개발 주거를 독자적이고, 불규칙한 여러 형태의 다양한 표현과 재료의 혼합으로 생동감 있는 이미지를 구성한다.

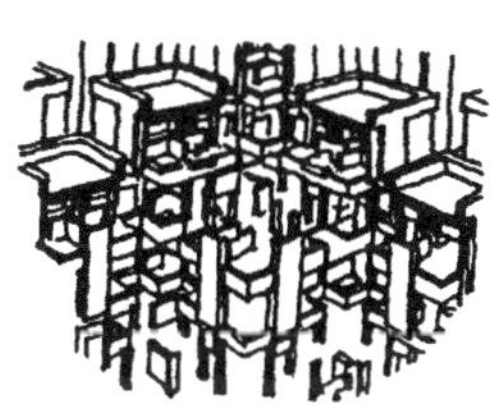

▶2.39 유기적 성장개념의 참여 형식 사례

(좌 : 네덜란드 Central Beheer 사무동(H. 헤지버거, 1972)
(우 : 영국 Byker 재개발 주기(R. 이스킨, 1968)

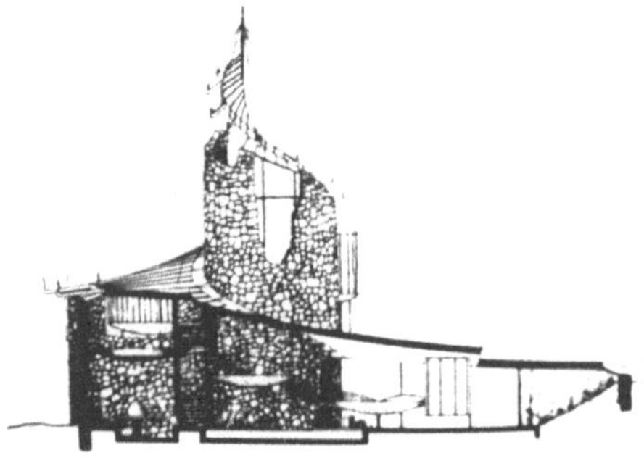

▲Bavinger House(Bruce Goff, 1955)

Bavinger House(Bruce Goff, 1955)

협곡의 바위가 그대로 1층 바닥에 노출되고, 벽난로를 중심으로 펼쳐지는 나선형 평면, 주변환경과 결합된 소재구사 및 천창을 통한 자연광의 실내도입으로 주택의 기능을 강화시켰다.

(3) 유기적 통합의 모방

- 유기적 건축을 포함한 예술 분야에서 '기능과 형태, 내용과 형식이 분리된 것이 아니라 유기적으로 통합되어야 한다'는 신념을 토대로 유기적 통일성을 구성하려고 시도한 표현원리이다.
- 작품 전체가 각 부분들의 총합 이상이어야 하며, 각 부분들은 분해될 수 없는 통합체의 이미지가 전달되는 단계로서 유기적 성장의 신념을 토대로 형성된 생태적 태도의 기본단계이다.

〈주요 사례〉

루이스 설리번(Louis Sullivan)

통일성과 부분들의 상관성을 동일하게 간주했고, 형태 내에서 기능이 규칙적이고 체계적인 분할로 추구되는 것과 전반적인 단순화와 매스에서 가장 사소한 디테일의 세분에 이르기까지 전체구조의 유기적 특성을 반영 · 시도했다.

▶2.41 오디토리움(L. 설리반, 1889)(왼쪽)

▶2.42 낙수장(F. L. 라이트, 1939)

Falling water(F.L. Wright, 1939)

인간의 욕구와 열망을 자연과의 접촉으로 해석하여 주택을 산 정상보다는 산 중턱의 작은 폭포 위 암반에 극적인 균형미로 표현했다. 대지와의 밀착과 자연과의 연계성을 표현하기 위해 벽난로 중심의 수평 캔틸레버의 사용, 자연석을 중심공간인 벽난로와 거실 바닥재료로 도입, 외부형태의 소재로 자연석과 붉은 철재 창틀을 도입하여 외부의 녹색 숲과 대비를 통한 조화를 이루려 한 점을 들 수 있다.

알바 알토(Alvar Aalto)

공간구성적인 면에서 점진적인 변화기법(gradation)을 통해 자연과 건축 각 요소들의 유기적 통합을 형상화했고, 형태구성적인 면에서는 부드러운 곡선, 부정형의 매스, 물결치는 듯한 벽돌, 자연의 질감 등으로 자연과의 통합을 표현·시도하였다.

· 보크세니스카 교회(1958)

▶2.43 보크세니스카교회의 외관 및 내부모습(A. 알토, 1959)

· MIT 공대 Baker House기숙사(1948) : 각 실에서 전면에 찰스 강의 조망이 가능하도록 물결치는 듯한 붉은 벽돌의 파사드 면으로 구성되어 있다.

· 기타

▶2.44 노이레파르 아파트(A. 알토, 1962)(오른쪽 위)

▶2.45 노이레파르 아파트(A. 알토, 1962)(왼쪽)

▶2.46 라올라 교구 교회(A. 알토, 1978)(오른쪽 아래)

▲2.47 베를린 필 음악당 실내 전경, 1963

■ 베를린 필하모니(Hans Scharoun, 1963)

포도밭 언덕의 은유적 표현으로 건물 내부의 개념을 설정하고, 청중은 포도로, 플랫폼은 언덕경사로, 천장은 텐트로 비유되어지는 자연의 통일성에 대한 은유적 표현과 전체 공간구조형성에서 연주홀을 중심으로 오디토리움, 그 외부의 보조공간들이 서로 결합된 구성의 유기적 통일감을 강화시켰다.

(4) 생태적 균형의 모방

- 생태적 건축은 기하학적인 특성과 유기적 특성을 상반된 개념이 아닌 상호 보완적인 동적 균형에서 추구하고자 했으며, 진화론적 견해에서 합리주의와 낭만주의의 통합된 건축형태와 원리로 해석·구성하려는 노력으로 나타났다.
- 기디온(S. Giedion)은 "우리가 추구해야 할 일은 유기적인 것이 지배적인 것이 되고, 합리적인 것이 하인의 자리로 떨어지도록 합리성과 유기성을 연결하는 방법을 발견하는 일"이라고 하였고, 크리스토퍼 알렉산더(Christopher Alexander)는 '형태와 맥락은 유기체와 환경이 전체적 효과를 이루듯이 유사하게 구성되어야 한다'고 주장했다.

〈주요 사례〉

■ 롱샹교회(L. Corbusier, 1954)

게 껍질의 유추를 통한 지붕형태와 종 모양을 모티브로 한 평면 구성 등으로 부정형의 매스를 구성하고, 모듈 유닛에 의한 기하학적 사용으로 상호보완적 균형을 이루고 있다.

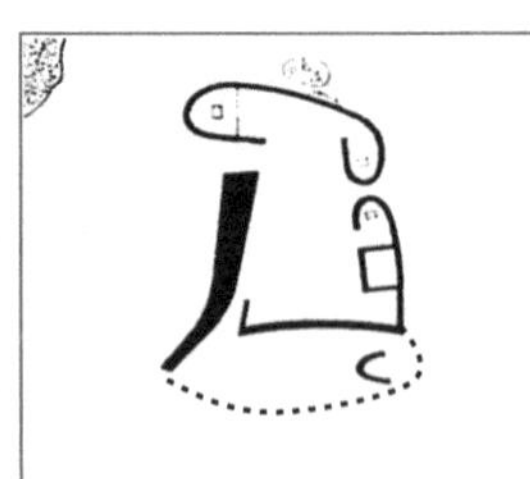

▶2.48 롱샹교회의 외관 및 평면(L. 코르뷔지에, 1954)

▲2.49 카펜터 센터(L. 코르뷔지에, 1963)

■ 카펜터 센터(L. Corbusier, 1963)

· 콘크리트의 육중한 구성 사이의 극적인 상관관계와 빛연출
· 형태에 나타난 상호보완성
(입방체의 볼륨과 중심에서 뻗어나온 자유로운 곡선의 대립/ S자형의 경사로를 포함한 중앙의 입방체 수직 코어와 서로 반대방향으로 물려 있는 두 스튜디오의 수평성과 상관관계)

■ 시드니 오페라 하우스(John Utzon, 1973)

· 파도의 형상을 은유한 쉘형 구면의 상징표현주의적 의미와 공간기하학으로 처리된 구조요소 사이의 대비
· 수평기단과 그 기단 위에 줄지워 선 거대한 쉘군(群)으로 나타나는 대비적 구성

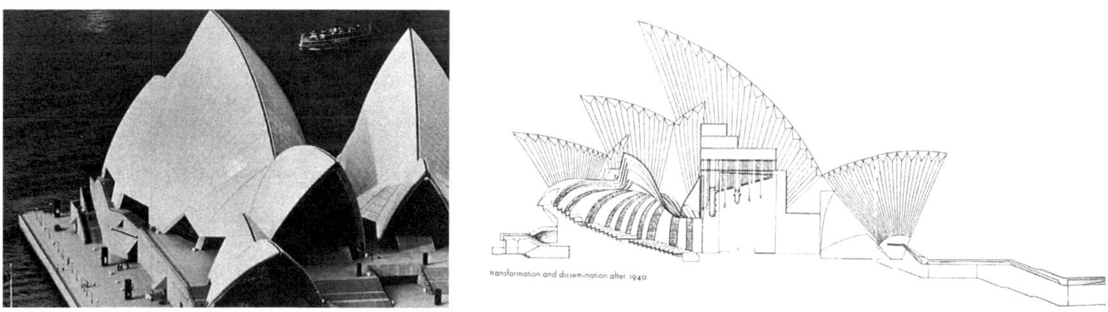

▲2.50 시드니 오페라 하우스의 외관 및 단면도(J. 웃존, 1973,)

2.3.3 친환경건축의 표현방향

인간의 요구에 대한 건축적 해석은 인간·환경·사회의 통합을 건축을 통해 표현하는 것이 현대건축이 취해야 할 접근방향으로 인식되며, 좋은 건축은 건축가의 디자인에 대한 인식과 그 공간을 사용하는 사용자 사이의 감각적 상호작용으로 이루어진다고 할 수 있다.

유기적 건축의 근본이 자연과 인간의 관계에서 비롯되었다고 한다면, 친환경건축은 그 표현성에서 인간 본성의 이해를 바탕으로 장소성 구축의 방향으로 수렴되고, 이는 장소가 지녀야 하는 정체성과 애착, 그리고 그로 인한 연상작용, 즉 상징성을 부여함에 근거를 두어야 한다. 과거의 전통과 역사, 그리고 대중성을 가미시킨 상징성과 인간의 실존적 의미를 토대로 질서와 구조의 의미 부각을 통해 장소성을 공고히 할 수 있다. 또한 토속건축에 내포된 의미와 형식미학에서 밝혀낸 인간의 지각인지 과정을 이해하여 형태와 공간으로부터 미감이 느껴지는 과정도 함께 이해해야 한다. 이러한 제반 요소들의 이해는 장소성 구축과 연관되어 있다.

따라서 친환경건축의 표현성은 인간의 기본욕구를 1차적으로 만족시키고, 다른 장소와 구분되는 자신(그들)만의 의미요소와 질서요소 구축의 방향으로 형성되어야 한다. 이는 최종적으로 소속감 – 공동체 의식을 키워 나가는 계기가 되며, 현대인의 마음에 인간성을 다시 회복시키는 방향으로 기여하게 된다.

(1) 인간인식 모델 지향의 표현원리

① 인간욕구에 근거한 건축의 구성원리

A. 매슬로는 인간욕구의 위계로서 생리적 욕구·안전성·소속감과 사랑·존중·자기실현·인지적, 미적 욕구 등으로 우선 순위를 정하고, 또한 충족되어야 할 욕구의 정도는 개인의 생활철학, 개성, 주거문화 수준 등과 깊이 관련되어 있음을 밝히고 있다. 이러한 거주자의 생리적, 안전의 기본욕구에서부터 자기실현의 심미적 욕구에까지 그 욕구(needs)가 충족되는 방향으로 공간이 형성될 때, 장소성은 지속적으로 유지·강화된다.

▶표 2.2 인간욕구 5단계에 대한 건축적 해석

항 목	건축적 해석
자기실현의 욕구	프라이버시 및 정체성의 확보, 심미성 형성
자기존중의 욕구	개인의 개체성 표현, 상징성과 특이성의 표현
소속감의 욕구	공간의 위계, 중심성(축과 중심공간 등), 방향성의 확보
안전성의 욕구	영역성, 위요성, 정위성 등의 확보 구조, 설비전기시설의 안전성 등
생리적 욕구	건축환경의 기본조건 확보 -빛환경, 음환경, 열환경, 인간공학 측면에서의 적정 크기 등

② 자연건축에 의한 구성원리

토속건축에는 인간친화적 성격의 자연건축으로서, 인간심성과 자연스럽게 교류되는 은밀한 심미성이 내재되어 있다. 자연건축의 형태감, 공간감, 세부 구성요소들은 인간심성에 장소감의 요소로 작용한다. 이에 대하여 자연건축에 나타난 표현성은 음미해야 할 중요한 가치를 갖는다.

- 지나친 기하학적 형태, 공간구조의 지양
- 인위적 직선 지양, 모서리의 부드러운 처리(조경)
- 자연스러운 접지
- 풍부한 자연요소의 도입/빛, 바람, 식물의 실내 도입, 접촉을 유도

③ 상징성의 부여 - 장소성의 회복

공통성을 기반으로 하는 지역사회에서 장소의 도상들(place icons)은 자신과 주민들에게 매우 중요한 의미를 지닌다. 즉 지형·지세와 기타 장소의 특징은 상징물이나 도상의 역할을 하는 바, 상징작용에 의하여 장소에 정체성을 형성시키고, 각 개인과 집단의 공유된 기억과 가치관을 매개로 공동체 의식을 강화시킨다.

④ 형식미학 측면 - 다양성의 중요성

형식미학에 관한 여러 연구는 형태 및 공간의 대하여 다음과 같은 사실을 일깨워준다.

- 복잡성과 왜곡된 변형에 의한 어떤 자극은 긴장감을 초래하고 시각의 장을 더욱 복잡하게 만든다. 이렇게 지각된 외부의 긴장요인은 인지·정보처리과정을 거치면서 체계화되고 단순화되어 긴장감소의 방향으로 진행한다. 즉 왜곡·복잡화된 형태는 체계화되고, 단순화 과정을 거치면서 의미를 부여받게 된다.
- 최소 노력의 쾌는 가장 단순한 패턴들로부터 나오는 것이 아니라 오히려 신경계로부터 최대 에너지량을 끌어내는 자극의 최대치, 즉 적절한 정신적 능력들의 가장 왕성한 활동들을 전제로 한다. 이는 단순성과는 반대되는 복잡성(풍요롭고 역동적이면서 비대칭적인 것들)을 인간이 선호한다.

이러한 연구결과들은 모호함, 복잡성, 왜곡된 변형 등이 긴장감과 운동감을 형성하고, 지각인지과정을 거치며 체계화·단순화되면서 긴장완화와 함께 의미를 부여받고 최종적으로 심적 쾌감을 일으킴을 알려준다. 그러나 지나친 모호·복잡·왜곡은 무질서를 일으키므로 항상 적절한

적용이 필요한 것도 또한 인식해야 한다.

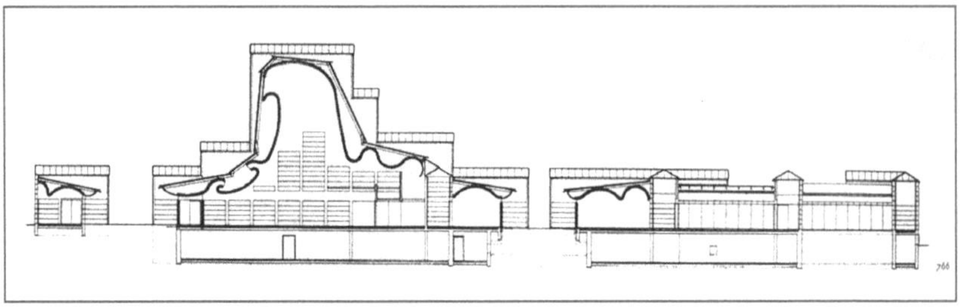

▶2.51 Bagsvaerd 교회 단면도(J. 웃존, 1976)

(2) 친환경건축의 표현방향

친환경적 건축의 표현은 인간의 심리적 요구 바탕 위에 형성되어야 한다. 이는 또한 자연과의 교류를 그 밑바탕에 깔고 있어야 한다. 이에 근거한 표현방향은 다음으로 집약된다.

① 영역성, 둘러싸임, 정위성/공간위계질서(중심성), 방향성/정체성, 상징성의 부여
② 형태공간의 자연성/자연요소의 대입(빛, 바람, 재료, 식물 등)

▼표 2.3 친환경건축의 표현방향

근거이론	친환경적 표현방향
인간의 기본요구 (생리적/ 안전욕구)	- 영역성, 위요성, 정위성 등의 확보 - 오목한 구조의 폐합성
공간의 위계질서	- 공간의 위계, 중심성(축과 중심공간 등)의 형성, 방향성의 확보 - 수직성의 강조
형식미학 (다양성의 구축)	- 모호함, 복잡성, 왜곡된 변형(축의 방향전환, 면의 소거와 중첩, 어긋남과 대각선, 전경/배경의 역전, 비완결된 형태 등/그러나 지나치지 않도록 조절할 것)
자연성	- 지나친 기하학적 형태, 공간구조의 지양 - 인위적 직선 지양, 모서리의 부드러운 처리(디테일 조작이나 조경 도입) - 자연스러운 접지 - 풍부한 자연요소의 도입(빛, 바람, 식물의 실내 도입·접촉을 유도)
상징성과 정체성	- 상징성과 특이성의 표현 (형태 및 공간구축, 그리고 제반 세부구성요소에서 정체성과 심미성 구축)

제3장 친환경건축의 건축방법

- *토속건축에서 우리는 무엇을 배워야 할까?*
- *아트리움 건축은 현대의 도시환경, 실내환경 측면에서 어떻게 해석되는가?*
- *어떻게 친환경적인가? 어떻게 건축에 도입되는가?*
- *친환경건축으로의 적절한 접근방법은 무엇인가?*

3.1 친환경건축의 개념과 원리

(1) 친환경건축의 개념

최근 건축과 건물을 환경문제와의 관계에서 설명하기 위해 많은 용어, 즉 green, sustainable, ecological, environment friendly, environmentally sound 등의 단어들이 개발되어 사용되고 있는데, 본 서에서는 이들을 친환경건축(sustainable or environment friendly architecture)으로 칭하였다. 따라서 건축에 있어서 친환경건축이란 여러 가지 개념이 있을 수 있지만, 자연친화건축, 생태건축, 그린 빌딩, 에너지절약형 건축, 자원절약형 건축, 환경오염의 최소화 건축, 지역 특성화 건축 등을 종합한 건축으로서 궁극적으로는 지구환경과 지역환경을 보전하고 자연생태계에 미치는 영향을 최소화할 수 있는 건축을 추구하는 것을 의미한다.

이와 같이 친환경건축이란 지속가능한 개발의 개념으로 건축물의 계획, 설계, 생산, 유지관리, 그리고 폐기에 이르기까지 전과정에 걸쳐, 총체적으로 에너지 및 자원을 절감하고 자연경관과의 유기적 연계를 도모하여 자연환경을 보전하며, 인간의 건강과 쾌적성 향상을 가능하게 하는 건축이라고 할 수 있다. 이는 환경과 인간활동 양자간의 조화를 통해 기존환경의 보존과 지속가능한 개발이 가능한 새로운 환경을 조성하는 '환경보존'과 '환경창조'의 통합된 미래지향적 개념이라 할 수 있다.

따라서 친환경건축의 개념은 그 본질적인 의미는 같지만 각기 지역에 따라 독일의 생태건축, 미국의 그린빌딩, 일본의 환경공생주택 등의 개념으로 현재 지속적인 개발이 이루어지고 있다.

(2) 친환경건축의 원리

친환경건축의 설계원리는 다음 하노버 원칙(Hannovor Principles) 혹은 지구를 위한 권리장전(Bill of Rights for the Principles)에 잘 예시되어 있다. [*하노버 원칙 : 독일 하노버시에서 개최된 EXPO 2000을 위해 개발된 원칙으로서 지속가능한 설계원칙의 모델이 됨.]

① 건강하고, 상호지원적이며, 다양하고, 지속가능한 조건에서 인간과 자연이 공존할 수 있는 권리를 주장하라.

② 상호의존성을 인정하라. 인간설계요소는 모든 규모에서 광범위하

고, 다양한 함축성을 가지고 자연세계와 상호교류하고 의존한다. 설계에서의 고려사항을 확장시켜 관계가 조금 먼 영향도 인정해야 한다.

③ 정신과 물질의 관계를 존중하라. 정신적 자각과 물질적 자각간의 연관성이라는 측면에서 커뮤니티, 주거, 산업, 무역을 포함한 인간 정주의 모든 국면을 고려하라.

④ 설계결정이 인간의 복지와 자연시스템의 생명력, 그리고 공존할 권리에 미치는 결과에 대한 책임을 수용하라.

⑤ 장기적인 가치를 갖는 안전한 물건을 만들어라. 부주의한 생산, 생산과정 및 기준으로부터 야기되는 잠재적 위험성을 관리하고, 주의 깊게 운영하는데 필요한 부담을 다음 세대에게 넘겨서는 안 된다.

⑥ 쓰레기라는 개념을 제거하라. 쓰레기가 없는 자연시스템 상태에 접근하도록 생산품과 생산과정의 모든 생애주기(life cycle)를 평가하고 적정화해야 한다.

⑦ 자연에너지의 흐름에 의존하라. 인간의 설계는 생명세계와 마찬가지로 영속적인 태양에너지로부터 창조력을 얻어야 하며, 이 에너지를 효율적이고, 안전하게 통합시켜야 한다.

⑧ 설계의 한계를 이해하라. 창조하고 계획하는 사람들은 자연 앞에서 겸허해야 한다. 자연을 회피·통제해야 할 불편함으로 삼기보다는 하나의 모델이나 훌륭한 스승으로 삼아라.

⑨ 지식을 나눔으로써 꾸준한 발전을 모색하라. 장기적으로 지속가능한 고려와 윤리적 책임을 결부시키고, 자연적 과정과 인간활동간의 통합적 관계를 재정립하기 위해 동료와 후원자, 생산자와 이용자간에 공개적이고 직접적인 의사소통을 촉진하라.

참고사항 1 : 각 나라의 친환경건축 활동

1. 독일의 생태건축

현재 독일을 중심으로 유럽에 널리 전파되고 있는 생태건축은 자연환경의 중요성에 대한 생태학적 인식에 기인한다. 1960년대 독일에서는 생태학을 주생활과 건축에 접목시키려는 움직임이 일어났고, 합리성과 경제성의 목표 아래 획일화비인간화자연파

▲3.1

독일 프라이브르크 생태주거단지 내의 실개천은 수환경의 자연적 순환을 돕고 있다.

괴라는 결과를 초래한 근대건축의 대안으로서 생태건축개념이 형성되었다.

생태건축은 건축을 생명체와 같이 자정능력을 보유한 유기체적 의미로 보는 것으로서, 자연 생태계의 일부로 주변환경에 순응하는 건축 또는 자연건축을 말하는 것이다. 생태건축은 생태관리의 필요성과 생태계의 지속가능한 발전의 개념에서 출발한 인간사회와 자연과의 새로운 관계정립을 위한 건축적 움직임이다. 토지, 물, 생물계와 인간사회가 상호보완적 관계에서 생태계가 다양성을 유지하면서 지속적으로 발전하기 위해서는 개발 완료 후에도 계속 자정능력을 보유하도록 해야 한다. 이를 위해서 '유한한 자원에 대한 인간의 개발행위에 근원적으로 제한을 두어야 한다'라는 생태학적 자각으로부터 시작되었다.

생태건축이 궁극적으로 추구하는 바는 인간의 주생활무대인 건축환경을 자연생태계에 유기적으로 통합시키는 것이다. 자연환경과 에너지 효율을 고려한 입지선정, 건축계획, 건물형태 및 재료선정, 건축 내·외부의 기능연계, 건축기술체계, 그리고 수목과의 연계 및 이용이 주요 실천방법이다.

독일에서 진행되고 있는 생태건축을 위한 5가지 구체적인 목표는 다음과 같으며, 이러한 구체적 목표들은 환경보전 및 자연조건의 활용과 에너지, 자원의 절약 측면을 중요시하고, 인간이 자연과 어우러져 쾌적한 삶을 유지하는데 그 목적을 두고 있다.

① 건축물 생산에서 유지관리까지 전과정에 필요한 에너지·자원의 수요를 최소화
② 자연시스템과 재생가능한 자원을 효율적으로 활용
③ 물과 공기의 오염, 외부로 방출되는 열, 폐기물, 폐수의 양과 농도 및 토양의 포장을 최소화
④ 대지 주변에 다양한 종의 동·식물 서식 가능
⑤ 건축물의 주위 경관과 조화로운 배치로 인해 건강한 주생활과 업무가 가능하게 함.

2. 미국의 Green Building

(1) The National Pollution Prevention Center의 지속가능한 설계

건축가 교육을 위한 미국의 The National Pollution Prevention Center에서 '친환경건축 설계원리 3가지'는 제시 되었다. 이 원리들은 건축적 소비가 지구·지역환경에 미치는 영향에 대한 폭넓은 경각심을 일깨우는 것에 그 목적을 두고 있다.

① 자원의 절약

지원절약의 원리는 건설과 작동에 사용되는 재생 불가능한 자원의 절감을 말하는 것으로서, 건축재료의 생산에서부터 건물의 생애주기까지 및 주기를 다한 후에 건물은

▲3.2 Gregory Bateson 빌딩 (미국 세크라멘토, 1981)

건물 중앙의 아트리움공간은 실내열 및 빛환경의 에너지절약 측면에서 중요한 역할을 수행하고 있다.

다른 건물의 자원으로 재사용까지를 포함한다. (① 에너지 절약, ② 물의 절약, ③ 재료의 절약)

② 생애주기를 고려한 디자인

이것은 건축 자원이 조달에서 자연으로 돌아올 때까지의 전 생애동안 환경에 미치는 영향을 고려한 접근방법이다. 생애주기 디자인의 원리는 재료가 하나의 유용한 형태에서 다른 것으로 변하는 것과 재료의 유용성이 끝이 없다는 개념에 바탕을 두며, 건설의 전단계, 사용단계, 후단계 각각의 단계에 적용된다. 이러한 점에서 생애주기 디자인은 실제로 요람에서 요람까지라는 접근방법으로 계획되어야 함을 강조하고 있다.

③ 인간적인 디자인

인간적인 디자인은 지속가능한 설계의 원리 중 가장 중요한 것이다. 현대사회에서 사람은 생의 70% 이상을 실내환경에서 보내게 된다. 이에 거주자의 안전, 건강, 심리적 쾌적감, 복지, 그리고 생산성이 지속가능할 수 있는 환경을 만드는 데 건축의 역할은 필수적이다. 자원의 절약, 그리고 생애주기 디자인은 물질적 문제를 다루는 반면에, 인간적 디자인은 동식물을 포함한 지구생태계의 모든 구성요소들의 삶과 연관된 것이다. 이 원리는 생명체의 존엄성을 존중하는 인간주의에서 발생되었다. 인간이 생존하기 위해 생태계의 사슬을 보존해야 하는 자기 중심적 사고에 뿌리를 두고 있다. (① 자연조건의 보존, ② 도시설계와 부지계획, ③ 쾌적감)

(2) EBN(Environmental Building News)의 Green Building

EBN에서는 1995년에 환경설계에 대한 11개의 전제조건을 발표하였다.

① 에너지 절약 및 에너지의 효율적 건축설계
② 재활용 건축 – 기존의 건물을 재활용하거나 구조체를 이용함.
③ 거주성 확보 – 자동차에 대한 의존성을 줄이고 거주성을 증가시킴.
④ 재료 낭비의 축소 – 효과적인 재료의 사용
⑤ 부지의 보전 – 지역생태계와 종의 다양성을 보전하고 회복시킴.
⑥ 독성이 적은 재료의 선택
⑦ 건물 수명의 최대화 – 내구성을 증가시킴.
⑧ 물의 절약 – 물의 효과적인 사용을 위한 설계
⑨ 안전하고 쾌적한 실내환경
⑩ 효과적인 쓰레기 처리
⑪ 작업함에 있어 주변환경의 영향을 최소화

3. 일본의 환경공생주택

▲3.3 환경공생주택 NEXT 21

일본에서는 지구온난화와 산성비 등 지구환경문제, 자원 및 에너지, 그리고 주택 내·외부의 건강과 쾌적성이 중시되고 있는 상황에서 자연이나 주변환경과의 조화와 경관을 고려하여 질적으로 향상된 주택을 추구하는 환경공생주택이라는 개념을 개발하였다. 환경공생주택이란, 지구환경보전의 관점에서 에너지·자원·폐기물을 고려하며, 주변의 자연환경과 친밀하고 아름답게 조화를 이루며 주민이 직접 환경을 가꾸고 건설하는데 참여하는 건강하고 쾌적한 생활이 가능한 주택이나 지역환경을 의미한다.

환경공생주택의 목적을 도표화하면 다음과 같다.

1) 지구환경의 보전	2) 주변환경과 친화성	3) 거주환경의 건강, 쾌적성
-에너지 절감 및 유효 이용 -자연·미이용에너지 유효 이용 -내구성 향상과 자원의 유효 이용 -환경부하 절감과 폐기물 절감	-기후와 지역과의 조화 -생태적 풍부함과 순환 고려 -건물내·외의 연계성 향상 -주거생활의 공생적 활동지원	-자연의 혜택을 최대한 수용 -건강하고 쾌적한 실내환경 -안전한 주거환경 -여유로운 주거환경

4. 국내

우리 나라의 경우, 국민의 환경의식 수준 향상과 함께 환경친화적 건축기술의 개발 요구가 점차 증대됨에 따라 최근 친환경 주거단지 개발과 일반건축물에 대한 에너지절약을 위한 연구가 몇몇 단체 및 기관 등을 중심으로 수행되면서 확대되어가고 있다. 범국민참여운동으로 '녹색 에너지가족(Green Energy Family)' 운동이 1995년에 발족하였고, 환경부 주관의 건축물 그린빌딩 인증제도 및 건설교통부 주관의 주거환경 우수주택 시범인증 사업운영이 2000년까지 운영되다가, 2002년 1월부터 친환경건축물 인증제도로 통합·운영되어, 친환경건축물의 육성을 위한 새로운 전기를 마련한 상태에 있다.

3.2 자연요소의 이해와 활용

3.2.1 토속건축이 갖는 의미

(1) 토속건축의 이해

▲3.4 참선중인 승려 모습

고대로부터 인간은 자신을 외부환경으로부터 보호하기 위해 건축물을 축조하였다. 따라서 각 지역 또는 기후대별 전통건축방식은 자연조건을 우선적으로 활용하며, 최적의 미세기후 또는 실내기후를 형성하기 위한 효율적인 건축 처리기법을 잘 보여주고 있는데, 이를 우리는 토속건축(Venaculare Architecture)이라 한다.

우리는 인류가 질서를 만드는 동물임을 잘 알고 있으며, 우리의 선조가 비록 동굴에서 기거했다 할지라도 점유하고 있는 공간에 저마다의 존재를 각인시켜 놓았음을 확인할 수 있다. 이후 그들을 위한 보금자리를 마련하는 데 있어 진흙, 가죽, 갈대, 나무, 직물, 건초 등과 같은 폭넓은 재료를 선택하였고 기후, 수렵이나 채취방식, 정착방법 등이 집을 짓는 도구나 재료, 제작과정을 선택하는데 영향을 미쳤다. 그리고 오랜 시간이 경과한 후 전통적 방식은 나름대로의 주거형태를 형성시키는데 발판이 되기 시작했으며, 이렇듯 수만 년 동안 인류는 그럭저럭 비와 바람을 피하기 위한 공간으로서의 보금자리에서부터 시작하여 보다 더 돋보이는 건축물을 만들어 왔다.

〈녹색위기, 빅터파파넥〉

▶3.5

니카라구아에 1972년에 지어진 지진 대피용 폴리우레탄 돔형태의 마을구성. 그러나 원주민 고유의 삶방식을 제대로 수용하지 못한 결과 초기의 의도된 마을구성에는 실패하고, 창고 등의 다른 용도로 사용되는 결과를 가져왔다.

> 건축이론과 건축사는 전통적으로 기념물의 연구와 관계를 맺어 왔으며, 대부분 천재들의 작품을 강조해왔다. 이것은 어떠한 설계가의 작품도 주어진 시대에서 건축활동의 일부분을 표명하고 있다는 사실을 망각하려는 경향이 있음을 의미한다. 인간의 물리적 환경, 특히 건축환경은 현대에도 그렇지만 건축가에 의해 통제되어 온 것은 아니다. 이러한 환경은 토속적인(또는 민속적인, 통속적인) 건축의 결과이며, 건축사와 건축이론에서는 주로 무시되어 왔었다.
>
> 〈주택의 형태와 문화, Amos Rapoport〉

사회·문화적 관점에서 보면 토속적 건축은 사람들의 욕망, 꿈, 정열뿐만 아니라 그 문화의 물리적 형태, 요구와 가치 등이 직접적으로 반영되어 있는 비자의식적인 건축이다. 즉 이론적 또는 미적 가식으로부터의 무관성, 단지와 미기후에 어울리는 작업, 다른 사람들과 그들의 주택들에 대한 애정, 나아가서는 자연뿐만 아니라 인위적인 모든 환경에 대한 존중, 주어진 질서 내에서 변이를 보이는 작업으로 말할 수 있다. 이러한 건축물들은 건축사나 건축이론에 등장하는 건축물들보다 더욱더 다수인의 문화와 실질적으로 영위되는 생활에 밀접하게 관계되어 있다.

진정한 의미의 토속건축에 대한 심미적 설명은 토속적 형태 그 자체를 해석하기에는 서로 다르고 자신의 주관적인 경향이 있다. 또한 모든 토속건축에는 연속성이라고 하는 하나의 끈이 이어져 내려오고 있다. 전통에 대한 애착, 장인정신, 그 지역 특유의 재료와 방법 등이 이에 해당된다. 이러한 모든 것들은 기후와 환경, 문화적이고 사회적인 고려, 심미적 노력, 가족구성원과 정착방식의 맥락성, 이 외의 요인들에 의해 조금씩 수정되며 정착되어 온 것이다. 이처럼 토속적인 건축의 특색은 그것의 부가적인 성질, 전문화되지 않은 개방적인 성질이며, 토속적인 것은 요소들 스스로의 성질에 의해서라기보다 오히려 요소들 간의 관계에서 보다 큰 중요성과 의미심장함, 그리고 이같은 관계가 성취되는 방법에 의해 특징지어진다.

토속건축물에 내재되어 있는 교훈의 내용은 실로 엄청난 것이지만 가장 중요한 것은 우리의 감각에 직접적으로 호소하는 시각적, 육체적 안락함을 부여해준다는 사실이다. 여기서 우리가 알아야 할 토속건축의 의

의는 나름대로의 환경조절 수법이다. 인간요구와 자연스러운 환경적응 방식은 전 세계의 토속건축이 지닌 질적 의미에 참신함을 부여하며, 그들의 아름다움은 형태와 목적 사이의 강한 결합에 있으며, 결코 꾸밈이나 과잉이 없는 것에 그 가치가 더욱 더 의미를 지닌다.

건축의 역사를 통해서 볼 때 환경조절을 위한 인간의 노력은 두 가지 방향, 즉 인간생활에 부적당한 자연환경조건을 물리적 차폐물과 에너지를 사용하여 적절한 환경으로 변화시켰다. 물리적 차폐물은 건물 외피구조의 발달을 가져왔고, 지역의 기후조건에 따라 특이한 건축양식의 풍토건축으로 정착하였다. 예로서 비교적 온화한 기후에서는 외벽이 얇은 반면에, 일교차가 심한 고온건습한 기후권에서는 열용량이 큰 재료의 두터운 벽체를 이용하여 자연적인 방법으로 열류의 시간적 지연을 이용한 방법으로 환경을 조절하는 수법을 토속건축에서 흔히 보게 된다.

이와 같이 토속건축은 자연스럽게 그 지방의 기후 및 풍토와 어울려 인간의 삶을 담는 주거, 주거군락을 이루며 인간문화와 밀접하게 그 스스로를 적응시켜 나갔으며 사용재료, 형태, 환경조절 등의 모든 방법이 자연에 거스르지 않고 자연친화, 인간친화의 과정을 지속적으로 유지하며 통합되어 온 것으로 해석할 수 있다.

▶3.6 기후에 따른 토속건축의 예(북극의 이글루, 중동지방의 흙건축, 북구의 농가)

참고사항 : 한국의 토속건축

우리 나라는 온대기후에 속하지만 남단이 아열대 기후지역에 닿아 있고, 동시에 아시아 내륙의 대륙성 기후와 해양성 기후의 접경을 이루면서 여름과 겨울의 계절풍과 함께 사계절이 뚜렷한 기후특성을 보여준다. 이처럼 계절에 따른 상이한 기후조건은 더운 여름과 추운 겨울철에 서로 상반된 건물계획 개념을 요구하게 된다.

– 여름철 :
· 짧은 기간의 많은 강수량과 높은 상대습도에 대한 대처방안
· 강한 일조와 일사에 대한 대처방안

– 겨울철 :
· 최우선적으로 추위로부터의 보호
· 북서풍의 차단 및 일사의 효율적 이용방안 등

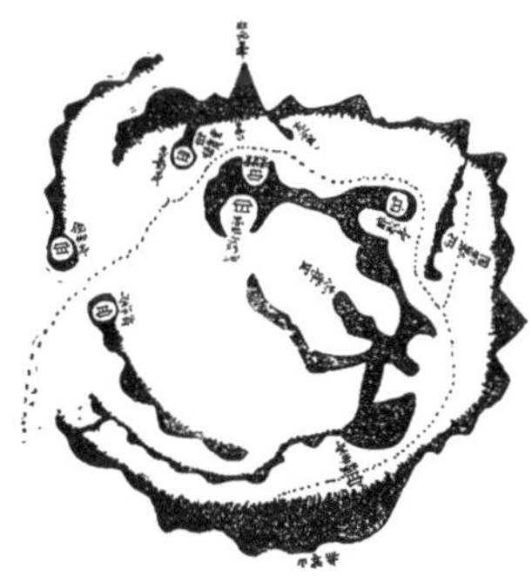

▶3.7 한국의 전통가옥과 풍수지리도

따라서 계절에 따라 상이한 건축계획개념을 효과적으로 통합시키기 위해서는 무엇보다 먼저 입지선정과 배치계획에서 주어진 자연조건을 충분히 활용할 수 있어야 하고, 입지선택과 관련해서는 한국의 토속건축은 "배산임수"에서 그 핵심을 찾아볼 수 있다. 배산임수(背山臨水)란 산을 뒤로 하고 하천을 바라보는 배치로서, 남사면은 일조와 일사취득이 용이하고 계절풍에 유리하여 밤에 저지대에 형성되는 냉기층과 산정 부근의 바람으로부터 격리되어, 예로부터 최선의 입지로 여겨졌다. 이와같이 남사면을 주풍향이 정반대인 우리나라의 계절풍 특성과 연계시켜 볼 때, 에너지절약 측면에서 매우 유리한 위치이다. 또한, 주변의 물은 높은 비열과 축열성능으로 인하여 상당한 열적 교환능력을 갖고 있음으로써 주위의 미세기후 조절에 유리했다.

3.2.2. 자연형 디자인의 이해

(1) 자연형 디자인의 개념 및 원리

환경조절은 건물의 중요한 기능 가운데 하나로서 인간의 생활환경구축을 위하여 쾌적한 열환경, 빛환경, 음환경과 적절한 공간 크기를 필요로 한다. 따라서 건축의 주목적은 이러한 각종 요구를 충족시켜 줄 수 있는 환경성능을 제공하는 것이다.

전통건축이 지닌 기후여과기로서의 환경조절 역할은 20세기 초 근대건축 이후에 큰 변화를 가져왔다. 기계미학에 근거한 기능위주의 국제주의 건축양식은 일체식 구조에 의한 커튼월의 발달로 벽의 구조적 의미

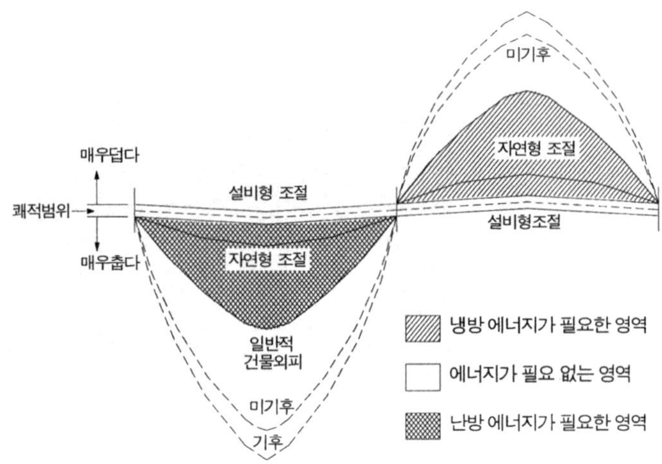

▶**3.8** 자연형 조절과 설비형 조절

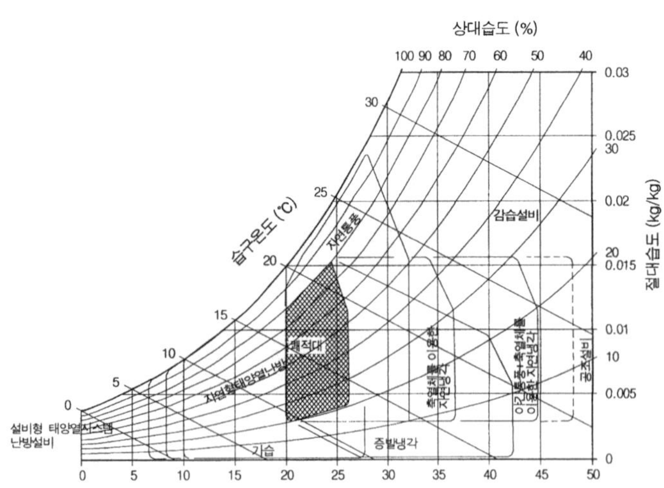

▶**3.9** 습공기선도에서의 자연형 조절과 설비형 조절
(자료제공 : 박진철)

가 약화되고 매스로서 벽의 개념이 붕괴되었으며, 실내환경조절은 주로 기계적 설비에 의존하게 되었다. 이러한 인공적 실내환경조절 방법-공기조화, 냉난방시스템과 인공조명시스템 - 은 설비투자의 증가와 막대한 에너지소비를 초래하였다. 이렇게 현대의 막대한 에너지 소비형 건축은 지구환경을 황폐화로 이끌게 되고, 결국에는 자연과 인간의 생존존립까지 위협하게 되어 현대건축에 대한 반성과 새로운 모색의 과정에 있는 것이 지금의 현주소이다.

에너지 성능에 영향을 주는 인자들은 무한한 것으로서, 건물의 유형, 기후조건, 디자인상의 요구, 그리고 그 사용방법에 따라 달라진다. 이 중에서 실내 열환경조절은 인간생활에 필요한 실내조건과 외기 조건의 차이에 기인하며, 그 조절방법은 크게 자연형(passive) 방법과 설비형(active) 방법으로 구분되지만 비용문제 및 에너지 문제의 측면에서 볼 때 자연형을 사용하는 것이 바람직하다.

자연형에 의한 조절계획은 해당 기후를 바탕으로 그것에 적합하도록 계획하는 것으로서 기후디자인(climatic design)이라고 한다. 실내환경을 1차적으로 미기후에 적절히 적응·조절하도록 하고, 2차적으로 자연형 조절, 그리고 3차적으로 설비형 조절에 의한 보완으로 진행되며, 이때 미기후와 자연형 조절에 의한 에너지 보존·절감이 높을수록 바람직하다. 이렇게 변화폭이 큰 기후조건에서는 건물과 건물 사이 공간의 미기후는 건물의 집합화, 위치 및 배치방법에 따라 변화시킬 수 있고, 자연형에 의한 실내 열환경을 조절하여 이상적이지는 않지만 쾌적한 실내조건에 근접시킬 수 있다.

▶표 3.1 자연형 디자인 원리

		전 도	대 류	복 사	기 화
겨울	획득 촉진			태양열 획득 촉진	
	손실 억제	전도에 의한 열류의 최소화	외부열류의 극소화		
여름	획득 억제	전도에 의한 열류의 극소화		태양열 획득의 극소화	
	손실 촉진	주기적인 열류의 지연	환기촉진	복사냉방의 촉진	기화냉방의 촉진

인체감각 기 관	환 경 시스템	건축물의 기 능	자연적 조절기법	설비적 조절기법
신체, 피부-온각, 촉각	열환경	열취득 열손실	단열, 축열, 자연통풍 등 건물 구조체를 통한 자연형 조절	난방, 냉방 및 공기조화설비 등 인공적인 기계조절 장치에 의하여 조절
코 - 후각	공기 환경	공기오염원의 침입 및 발생	오염원이 없는 재료선택, 오염원격리 및 감소대책	공기정화장치, 환기팬 및 기계적 배기장치 가동
귀 - 청각	음환경	소 음 진 동	소음원 및 전달 경로 조절 적절한 흡음 및 차음재료 선택 실의 형상 조절	전자음향기 설치, 방진 등의 설비적 기기 채택
눈 - 시각	빛환경	조 명 일 사	자연채광 도입을 위한 건물배치 및 개구부 계획	인공조명

▲표 3.2 환경조절기법

자연형의 디자인방법에는 동계 수열량 및 방풍효과의 증대, 여름의 차양, 통풍증대, 구조체의 단열성능, 재료의 열적 특성, 건물의 좌향배치, 지중온도 변화에 따른 열교환, 자연채광 등에 이르기까지 각종의 자연적 수단에 의해 에너지를 건물에 응용하는 원리가 적용된다.

(2) 기후디자인의 이해

1) 기후디자인의 개념

기후(climate)는 특정지역에 있어서 일정기간에 걸친 기상의 평균상태를 의미하며, 여기서 기상(weather)이란 시시각각으로 변화하는 대기상태를 말한다. 기후는 건물의 열적 조건을 결정하는 주된 요소이므로 건물이 위치하는 지역의 기후(지역기후, macro climate)와 대지 및 주변의 기후(미기후, micro climate) 특성을 이해하고 이에 대처하는 것이 환경설계의 기본적인 접근방법이 된다.

건축에 영향을 미치는 기후요소에는 기온, 습도, 일사, 강수, 바람, 일조시간 등이 있으며, 이와같은 기후요소는 위도, 지형, 해류와 같은 천문지리학적 요인과 대기환류, 기압, 기단과 같은 기상학적 요인이 있다. 미기후의 경우, 주변의 식재나 인공구조물과 같은 물리적 환경과 지표면의 상태 등에 의해 영향을 받게 된다.

최근 도시지역에서는 micro-climate 영향으로 대기오염과 고온화현상 등이 발생하는데 그 형성요인을 살펴보면, 열용량이 큰 재료의 사용으로 인한 일사 흡수 및 저장량의 증가(콘크리트, 아스팔트 등), 지면의 상태변화(녹지나 유수면의 손실) 및 냉각작용의 감소로 인한 현열량 증가, 그리고 에너지 소비로 인한 폐열의 발생·방출로 대기온도의 상승을 초래한다. 따라서 도시에 있는 높은 열전도율의 많은 인공구조물들은 표면의 흡수율과 방사율을 증가시키고, 열용량 증가, 바람의 패턴 변경 및 온실효과(greenhouse effect)를 가져온다. 그러므로 도시지역에서의 건축환견계획은 일사량의 변화, 주변상황의 변화와 함께 고도제한, 사선제한, 용적률 등 각종 법규적 내용을 충분히 분석하여 적용해야 한다.

기후디자인의 주된 개념은 기후조건의 긍정적 수용으로 자연적 수단에 의한 실내 쾌적조건을 유지하고자 하는 디자인방법이다. 즉 습공기선도상에서 여름철과 겨울철에 쾌적범위를 벗어날 경우, 여름철에는 일사차단, 자연통풍, 축열체를 통한 냉각, 겨울철에는 일사획득, 축열을 통한 자연형 난방 등의 자연형 조절원리를 이용하여 쾌적한 환경을 조성하는 것이다. 이러한 자연형 디자인방법에는 겨울철의 수열량 및 방풍효과의 증대, 여름의 차양, 통풍증대 등과 함께 구조체의 단열성능, 재료의 열적 특성, 건물의 좌향배치, 지중온도 변화에 따른 열교환, 자연채광 등에 이르기까지 각종 자연적 수단에 의한 에너지를 건물에 응용하는 원리가 적용된다.

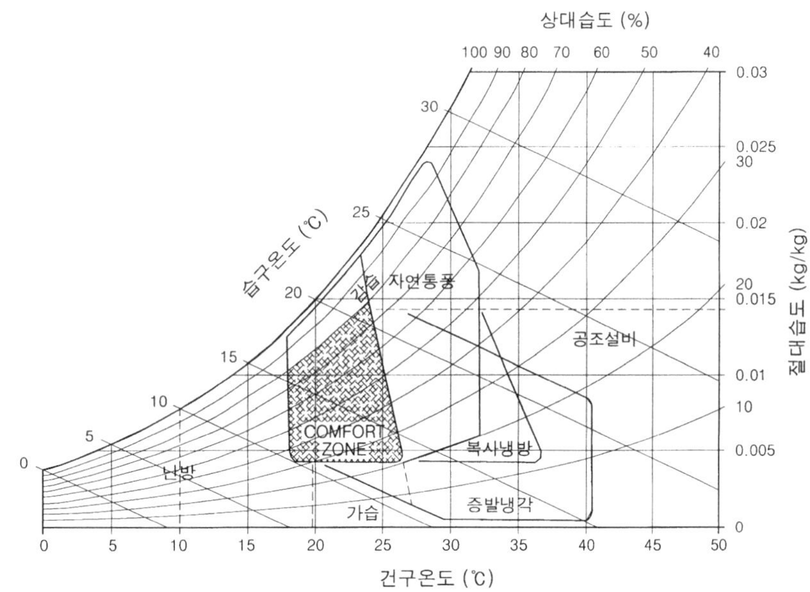

▶3.10 기후디자인 방법
(자료제공 : 박진철)

참고사항 : 기온과 습도

① 기온 : 기온(Air Temperature)은 일반적으로 건구온도계가 표시하는 온도로서 표시된다. 이것을 건구온도(Dry Bulb Temperature, DB)라 부르며, 건구온도에 대하여 온도계의 감온부에 물을 적신 헝겊으로 감싼 습구온도계가 표시하는 온도를 습구온도(Wet Bulb Temperature, WB)라 한다. 이것은 습도의 측정에 이용된다.

② 습도 : 공기의 습한 상태 또는 건조한 상태를 일반적으로 표시하는 방법으로서 상대습도(Relative Humidity, RH)가 있다. RH는 어떤 상태에 있어서 공기 중의 수증기 압력과 그 공기의 온도에 있어서 포화수증기 압력과의 비를 백분율로 표시한 것이다. 또한 습공기 중의 수증기 중량과 습공기 중량에서 그 수증기 중량을 제거한 나머지 공기(건조공기) 중량과의 비를 절대습도(Absolute Humidity)라 부르고, 이것을 이용하여 공기의 상태변화(가습, 감습량에 의한 엔탈피의 변화)를 계산하고 있다.

2) 기후대별 자연형 환경조절 계획방법

지구상의 기후대는 크게 4가지 – 즉 북회귀선과 남회귀선 사이의 고온다습 및 고온건조기후대와, 회귀선과 극권 사이의 온난기후대, 극권의 한랭기후대로 구분될 수 있다. 계획방법은 우선 간단한 기후분석을 통하여 계획하고자 하는 지역의 해당기후를 기본적인 4가지 기후(한랭, 온난, 고온건조, 고온다습 기후)에서 1차 선정하고, 기본계획단계에서 건물의 규모·형태, 자재의 열특성, 계절별 태양의 각도, 환기 등과 관련한 외창계획 등이 검토되어야 한다. 필요하면 개략적인 정량 해석도 요구된다.

그리고 계획의 구체화단계에서는 정량적 해석에 근거하여 환경조절과 관련된 여러 건물요소들, 즉 외벽 재료, 창호 및 단열재의 종류·두께·배치와 일사조절에 관한 차양의 상세 등에 대한 최적화 작업이 진행되어야 한다. 이 4가지 기본형 기후 외에 지역의 건축은 정량적 해석에 근거하여 환경조절계획이 진행되어야 한다. 기후대별 자연형 환경조절 계획방법을 요약하면 다음과 같다.

① 한랭(Cold)기후대

우선적으로 난방계획과 난방열 손실을 최소화하는 방안이 계획의 주요건으로서, 건물의 방위 및 형상(S/V비), 단열시공, 창호기밀, 태양열

이용 등이 가장 중요하다.

- 용적에 대한 표면적의 비(S/V)는 중요한 요소로서, 원주, 입방체에 가까운 형태가 현실적이다.
- 건물 외피의 단열보강과 2중3중의 작은 외창계획에 의한 열손실을 최소화한다.
- 일사취득을 위한 건물 및 외창의 방위(북반구에서는 남향, 남반구에서는 북향이 좋다.)가 중요하다.

▶3.11 한랭기후대 건물(이글루)

표면적을 최소로 한 반구형태와 외풍의 실내유입을 최소화하는 입구·중간영역, 주공간의 동물모피에 의한 공기단열층은 혹한에서도 견디도록 구성되어 있다.

② 온난(Temperate)기후대

더운 여름철과 추운 겨울철의 기후조건이 서로 다르므로 환경계획이 어렵다. 건물방위 및 형상(S/V비), 자연에너지 이용(태양열, 바람, 축열 등) 등이 계절에 맞도록 차양, 창호계획과 외피재료의 단열·축열이 고려되어야 한다.

- 일사획득은 겨울철에는 바람직하지만 여름철에는 과열의 원인이 되므로 일사조절을 위한 차양시설이 계절별 태양고도에 맞도록 계획되어야 하고, 남향 창과 차양시설(창에 대한 수직 음영각이 "90-위도" 또는 춘추분 정오의 태양고도가 되는 위치)을 설치한다. 지역에 따라 약간 추운 온난기후 혹은 약간 더운 온난기후 지

역에서는 약간씩 높게 혹은 낮게 조절한다.

- 열용량이 큰 중량구조의 외벽 및 지붕구조로 계획하여 주간의 축열된 열이 야간에 실내에 전달되도록 한다.
- 겨울철을 제외한 계절별 미기후의 자연풍이 실내에 유입되도록 내 · 외부 창호를 배치한다.

▶3.12 한국 옛 초가집(우)과 일본의 주택 실내(좌)

온난기후대에 속한 한국과 일본의 주거에서 지붕재료, 처마 깊이, 자연 통풍을 수용하는 창호계획을 볼 수 있다.

③ **고온건조(Hot and Arid)기후대**

고온건조기후는 소위 사막성후로서 일교차가 크다. 즉 낮 동안은 고온건조한 반면, 밤의 기온은 몹시 차가워지는 것이 특징이다. 따라서 실내 쾌적조건의 형성은 창호의 축소, 건물 외피의 단열·축열성, 가습 등의 방법에 의한 실내환경계획이 중요하다.

- 전체 형태에서 작은 개구부의 외관, 주개구부가 중정을 향하는 중정형태의 건물이 가장 좋다. 중정에는 풀이나 분수를 설치하여 수분 증발에 의한 가습과 기화열이 주변 공기를 냉각시키며, 또한 이로 인한 기류의 형성은 그늘과 함께 중정 및 실내공간을 시원하게 한다.
- 두터운 흙재료의 중량벽 사용은 열전달을 지연시켜(time-lag의 이용) 주간의 열기가 추운 밤동안 실내에 남아 있도록 하고, 낮의 경우 밤의 찬기운은 중량벽에 의하여 실내가 시원함을 유지할 수 있다.
- 건물 표면은 가능하면 백색이 좋고, 동서방향의 집중적 건물배치로 형성된 그늘은 외벽에 대한 일사량을 감소시킨다.

▶**3.13** 이란 이스파한 지방의 마을 풍경.

중량 흙벽과 작은 창호 등 고온건조한 사막성 기후에 적응하는 건축구조를 볼 수 있다.(좌)

▶**3.14**

고온건조지역에서는 토속건축 외부에는 외풍을 실내로 끌어들이고, 가습함으로써 실내의 쾌적조건을 향상시키고 있다.(우)

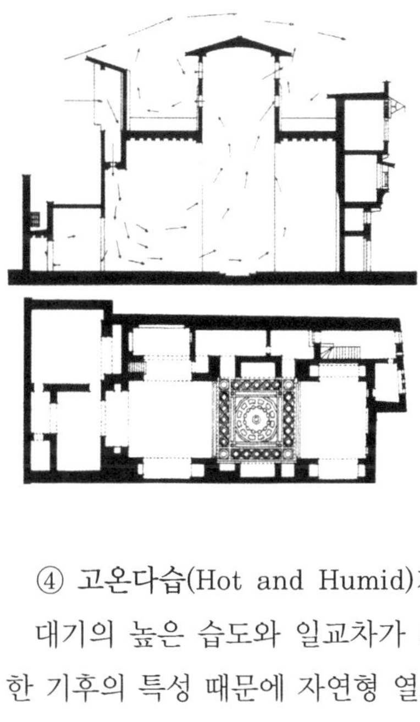

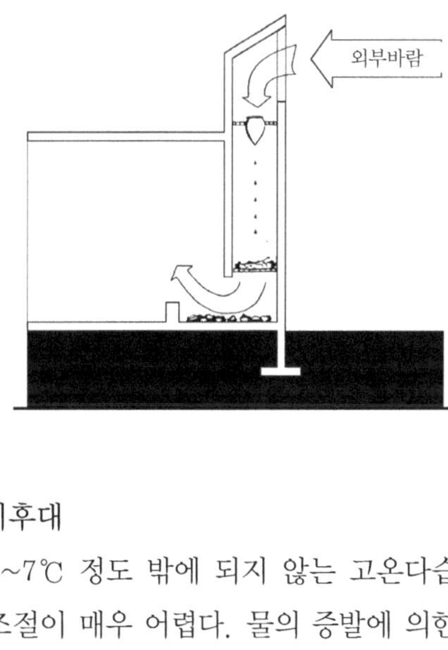

▶**3.15**

중정형태의 건물(상)에서 중앙 연못, 분수에 의한 공기의 흐름과 열시스템을 알 수 있다. 중정으로 직접 출입할 수 없는 방에는 wind scoop장치를 사용한다. 이것은 외부의 공기를 실내로 유입하면서 물항아리에 의한 가습·증발은 실내공기를 냉각시키고 깨끗하게 해준다.

④ 고온다습(Hot and Humid)기후대

대기의 높은 습도와 일교차가 5~7℃ 정도 밖에 되지 않는 고온다습한 기후의 특성 때문에 자연형 열조절이 매우 어렵다. 물의 증발에 의한 기화효과는 기대하기 어렵고, 축열성이 낮은 건축재료의 사용과 단열, 원활한 통풍에 의한 열의 전도·복사를 최소화하는 환경조절계획이 필요하다.

- 주간의 뜨거움보다 밤의 무더움을 해소시키는 것이 더 중요하므로 고온이 급속히 냉각될 수 있도록 경량구조의 건물이 좋다.
- 주간의 일사량을 최소화하기 위해 동서측 외벽에는 가급적 창을 없애고 반사형 표면재료를 사용하고, 그 안쪽으로 저항형 단열재

를 설치한다. 남북측의 벽은 완전히 개방구조로 하고, 상풍향 방향으로 최대의 개구부를 내어 통풍량을 최대화한다. 건물의 형태와 배치에서 통풍을 가장 원활하게 하는 것이 중요하다.

- 건물의 부위 중에서 지붕이 가장 중요하다. 지붕의 경우에도 반사가 큰 지붕재료를 사용하고, 지붕 밑부분에 공간을 두어 천장을 설치하고, 그 사이공간에 충분한 환기가 이루어지도록 한다. 이 때 지붕 아래면과 천장 윗면에 반사표면을 사용하고, 그 하부에 저항형 단열재를 사용하여 열전도와 복사를 최소화한다.

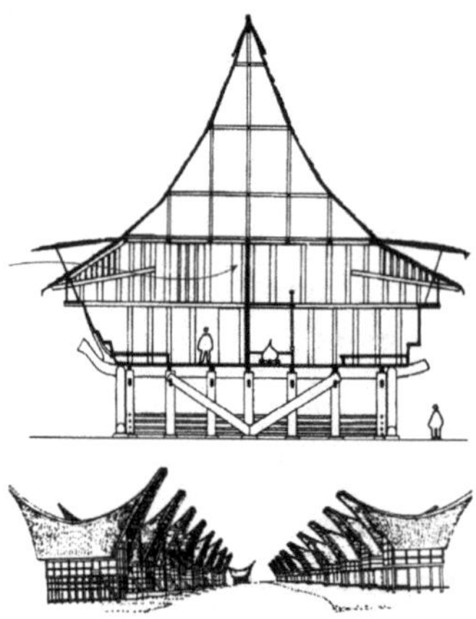

▶3.16 고온다습 기후대의 토속 건축물

일사를 막고, 통풍을 최대화할 수 있도록 전체 건물형태가 이루어져 있다. 또한 천장 속 사이공간의 여유와 환기를 통해 열의 전달을 최소화한다.

참고사항 1 : 기후대별 건축형태

다음 그림은 Victor Olgyay에 의한 건물의 형태가 에너지 부하에 미치는 영향을 나타낸 것이다. 즉 태양의 일사를 고려하지 않을 경우 건물의 장단변비는 1 : 1이 적당하지만, 일사를 고려할 경우 일사가 유익하게 될 수 있는 과냉계절과 일사를 피해야 할 과열계절 사이의 균형을 찾는 것으로서, 모든 지역에 있어 적절한 형태는 동서방향으로 길게 된 경우이다. 우리 나라와 같은 온대기후는 1 : 1.3에서 1 : 1.6까지 동서로 긴 장방형이 유리하다.

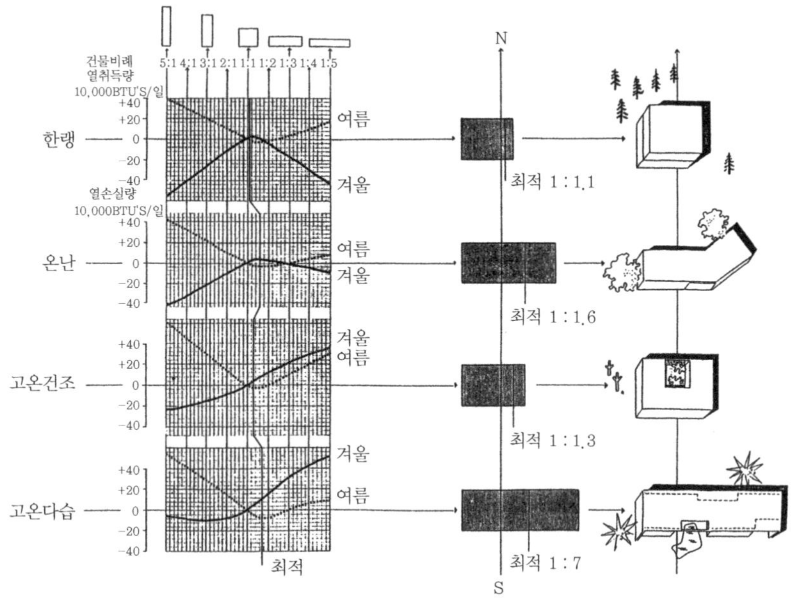

▶3.17 일사의 종류와 지표면에서의 열교환 메커니즘

참고사항 2 : 일사와 식재효과

① 일사(Solar Radiation)

태양으로부터 복사에 의한 열에너지로 일사 스펙트럼의 파장(nanometer=10−9m)에 따라 ① 자외선(건강선, Dorno선), ② 가시광선(日照), ③ 적외선(열선, 日射) 등으로 분류된다. 이 중에서 지구표면에 도달하는 일사량은 대기중의 오존과 수증기에 의해 여

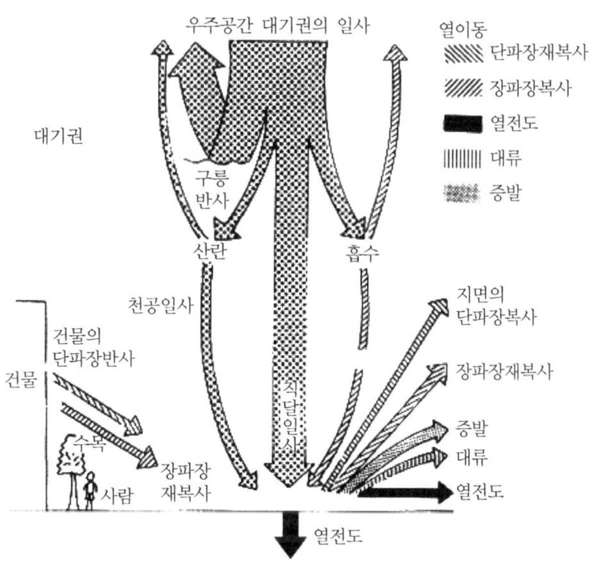

▶3.18 일사의 종류와 지표면에서의 열교환 매커니즘

과됨에 따라 전체 일사에너지의 약 51% 정도가 최종적으로 지상에 도달하게 되며, 직달일사량(direct radiation) 26%와 확산일사량(diffuse radiation) 약 25%로 구성된다. 지표면이 받는 전체 일사량은 위도에 따라 크게 달라지며, 지표면의 반사율, 수륙분포, 식생, 눈과 얼음 등 지표면의 반사특성에 영향을 주는 요소들로 인하여 상당량의 천공복사(天空輻射)가 이루어지고, 이에 따라 다양한 미기후가 형성된다.

② 식재(vegetation)

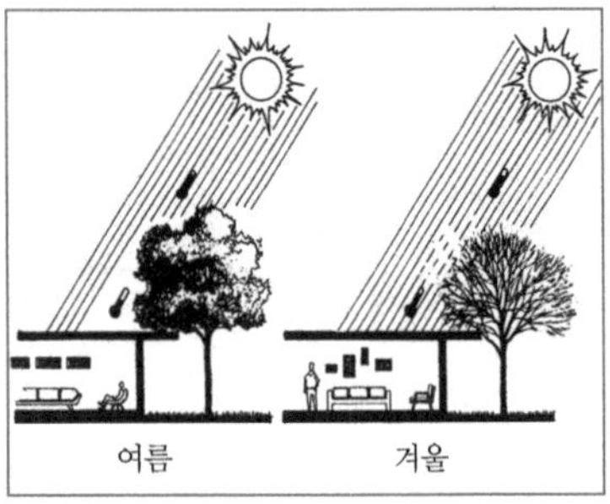

▲3.20

식재는 건축물에 계절별 일사량 조절효과를 갖는다.

식재는 열획득과 열손실을 안정시키며, 계절별 일사 및 통풍조절효과를 갖는다. 즉 식재의 종류와 밀도에 의하여 지표면의 표면형태와 반사율을 바꿀 수 있으며, 지표면의 함유 수분량에 따라 열흡수 및 저장능력이 증대하여 미기후의 안정에 기여한다.

여름에는 지면의 차양과 증발에 의한 냉각효과를 갖고 있다. 그 외에 여름철 통풍효과의 증대와 겨울철 방풍효과를 가진다. 따라서 건물 주변의 식재계획은 일사의 분산, 미기후의 안정, 계절에 따른 통풍 및 방풍효과를 고려하여 진행되어야 한다.

▶3.21 식재에 의한 바람 조절 효과

3.2.3 자연에너지의 건축도입 방법

기본적으로 건물 내에서 인공환경 조성을 위해 소비되는 에너지를 절약하기 위해서 건축적인 수법과 설비적인 수법이 동시에 고려되어야 한다. 이는 가능한 한 건축적인 대안으로서 쾌적한 실내환경을 만들기 위한 화석에너지의 수요를 최소화하고, 그 범위를 벗어나는 경우에는 설비적 수법으로 해결하는 것이 필요하다. 따라서 먼저 논의되어야 할 것은 인위적 환경조절방법이 아닌 최대한의 자연에너지 이용으로서의 환경조절이다.

태양에너지, 바람, 지열 등의 자연에너지를 효과적으로 건물에 사용하기 위해서는 프로젝트 초기단계부터 검토하여 에너지 절약형 건축이 되도록 해야 한다. 그 순서는 다음과 같다.

① 건물대지의 기후조건에 대한 면밀한 분석
② 자연에너지 이용의 종류 결정
③ 적절한 활용방법 선정

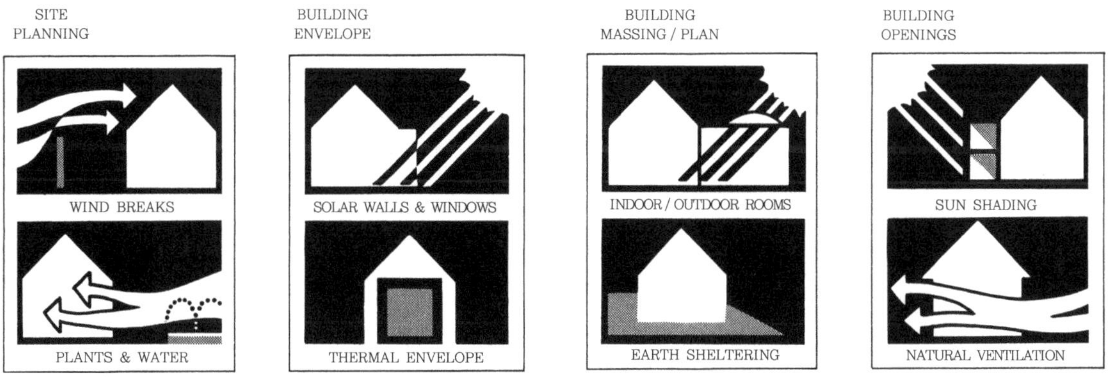

▲3.22

이 그림은 도널드 왓슨(Donald Watson)이 그의 저서「Climatic Design」에서 자연에너지 활용기법을 개념화하여 보여준 것이다. 건물배치, 건물형태 및 평면, 외피구조, 개구부 계획과 이와 관련한 일사획득·조절, 통풍조절, 식재, 가습장치, 지중건축 등의 자연적 수법으로 실내환경 조절 가능성을 보여 준다.

이러한 모든 과정은 그림에서 보듯이 건물배치, 건물형태 및 평면구성, 외피구조, 개구부 계획과 밀접한 관계를 맺으며 이와 관련하여 일사 및 통풍의 조절장치, 식재 및 가습, 지중의 항온성 이용 등의 건축수법으로 실내환경을 1차적으로 조절해야 한다.

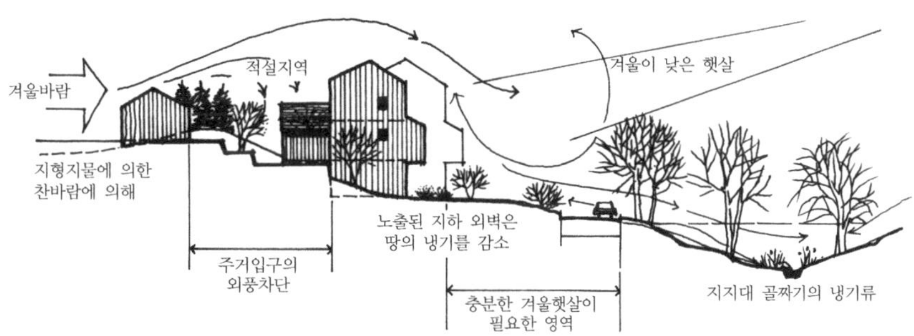

▶3.23

건축 배치계획에는 지역의 미세기후를 파악하고, 이를 지형지물에 의하여 일사량, 바람 등을 조절하는 고려가 우선적으로 필요하다.

(1) 열환경의 적용

1) 태양에너지의 이용

태양열을 이용한 건축의 역사는 그리스, 로마시대까지 거슬러 올라간다. 그리스의 주택인 Delos는 남향으로 배치되었고, 석재를 이용한 축열특성이 적용되었으며, 주요실은 태양열을 최대한 받을 수 있도록 중정에 면하였다. 또한 로마의 Ostia의 공중목욕탕은 두꺼운 축열벽을 이용하였다. 그 후, 1934년 시카고박람회의 크리스탈 하우스는 유리를 이용한 온실형으로 자연형 시스템의 효시가 된다.

1970년대의 에너지파동 이후 에너지 가채년수가 석유 40년, 천연가스 50년, 석탄 170년 등 21세기 중반에는 에너지 고갈에 따른 대체에너지(풍력, 수력, 조력, 지열, 태양에너지, 수소에너지, bio-mass 등)의 등장으로 태양열이 전 세계적으로 활발하게 보급되기 시작했다. 그러나 최근 지구환경오염이 증가함에 따라 무엇보다도 무공해가 최대 장점인 태양열은 중요한 에너지원과 동시에 친환경적 요소로 그 이용기술개발에 세계 각국에서는 많은 노력을 기울이고 있다.

▲3.24

B.C.400년의 그리스 Priene 지방의 마을. 전체구성을 보면 남쪽을 향한 구릉지대에 햇볕을 잘 받을 수 있도록 배열되어 있고, 단위주택의 경우, 남측의 중정을 향하여 주 거실이 배치되어 있다.

① 자연형 태양열 시스템의 구성원리 및 특징

태양에너지를 건물의 난방 혹은 냉방에 이용하는 방법으로 시스템은 크게 집열부, 축열부, 그리고 이용부의 3가지로 구성된다.

- 집열부 : 일반적으로 투명한 남면의 유리면이다. 유리 이외에도 투명한 플라스틱이나 섬유유리가 사용될 수 있다. 이때 재료의 선택은 햇빛이나 기타 기후요소들에 의한 재료의 퇴화 등을 고려해야 한다.
- 축열부 : 재료로는 물 또는 기타 액체 등과 함께 조적구조(콘크리트, 벽돌, 모래, 타일, 돌 등)도 사용된다. 또한 용융소금이나 파라핀과 같은 상변화물질(PCM : phase changing material)을 사용하여 축열성능을 높일 수도 있다.
- 이용부 : 열의 분배는 전도, 대류, 복사 등과 같은 자연적 방법에 의하여 이루어지므로 송풍기와 같은 기계장치는 가급적 피한다. 열조절을 위해 통기구(vent), 댐퍼(damper), 가동 단열 및 차양장치 등이 부수적으로 사용될 수 있다.

자연형 태양열시스템은 주로 난방을 위해 사용되지만 여름철에 과열을 방지하고 냉방효과를 도모할 수 있는 방법이 강구되어야 한다. 자연냉방 방식에는 자연통풍, 구조체에 의한 냉각효과, 주야간 개구부의 개폐, 냉각공기의 유입, 실내공기의 야간냉각, 지중 냉각효과, 증발효과, 그리고 건습제 등의 이용과 같은 방식들이 있다.

자연형 태양열시스템은 설비형과 비교할 때, 가장 큰 장점은 단순성으로서, 열관리가 단순하고, 경제적이며, 쾌적할 뿐만 아니라, 일반 건축재료의 효과적인 사용과 건축계획적 수법만으로도 태양에너지의 취득과 보존을 충분히 운용할 수 있는 것이 특징이다. 따라서 건물의 방위와 형태의 적절한 조화, 창호의 처리, 재료의 열용량, 일사의 입사와 차폐, 통풍 등을 배합하여 입지조건과 기후조건에 쉽게 적용할 수 있는 시스템인 것이다.

② 자연형 태양열시스템의 종류와 특징

자연형 태양열 시스템의 종류에는 직접획득방식, 축열벽방식, 축열지붕방식, 부착온실방식, 자연대류방식, 그 밖에 이중 외피방식 등으로 세분할 수 있다. 또한, 주로 자연순환방식에 약간의 기계적인 강제순환방식이 병용되는 혼합방식이 있다.

▶표 3.3 자연형 태양열시스템의 분류

대 별	시스템의 종류
직접형	직접획득방식
간접형	축열벽방식, 축열지붕방식
분리형	온실부착방식, 자연대류방식
기타	이중 외피방식, 혼합방식

직접획득형(Direct Gain System)

직접획득방식은 건물 남측창을 통한 태양광을 바닥이나 벽에 배치된 축열재의 표면에 흡수하여 열에너지로 전환시켜 축열한 후 난방에 이용할 수 있도록 설계된 방식이다.

- 집열기로서 남측창은 겨울철에 건물 안으로 들어오는 직접적인 열 취득량을 증가시키고, 여름철에 과열되는 것을 막기 위해서 계전

별 태양고도를 계산하여 처마깊이 등을 산정해야 한다. 이 때, 남면의 넓은 집열창은 주간의 열획득과는 반대로 야간 열손실을 고려하여 야간 단열구조의 설치(sliding shutter, roll shade, curtain, honey comb, bead wall 등)가 필수적이다.

- 이 시스템은 계획 및 시공이 용이하여 손쉽게 응용할 수 있으며, 가격이 저렴한 특성을 갖고 있다. 축열은 별도의 축열조보다 거주공간의 구조체 자체를 축열체로 이용하고, 냉방효과를 위해서 실내의 환기를 원할히 할 수 있도록 환기창을 두어야 한다. 즉 고측창(Clerestory)을 설치할 수 있는데, 이는 자연채광의 통로가 되고 여름철에는 열적 '굴뚝 효과(Thermal chimney)'를 통해 자연냉각 작용을 증대시킬 수 있다.

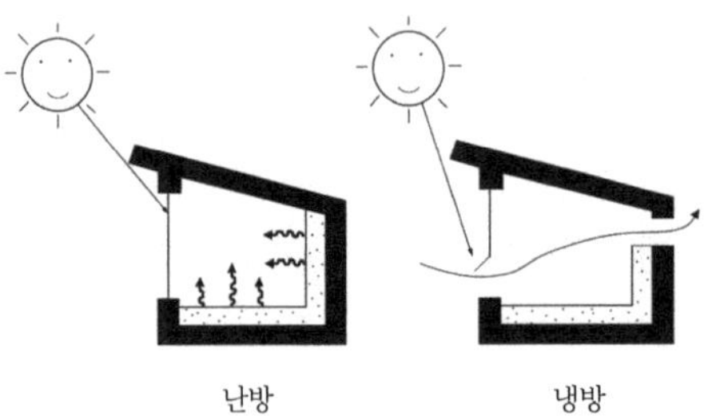

▶3.25 직접획득방식(좌)

▶3.26 직접획득방식의 예 (Zero energy house, 스위스, 1994)(우)

축열벽형(Thermal storage wall system)

일종의 간접획득방식으로서 열을 주간에 모았다가 야간에 이용하는 것으로서, 사용되는 축열재에 따라 조적조(maisonry)방식 및 물벽(water wall)방식으로 구분된다. 축열벽의 상부 및 하부에 각각 통기구를 설치된 Trombe Wall System은 집열창과 축열벽 사이의 공간에서 수집된 태양열이 실내로 전달되는 과정에 있어서 축열벽의 전달 및 복사 이외에 추가로 자연대류(natural convection)에 의한 열전달이 이루어지는 방식을 말한다. 축열벽의 재료는 벽돌이나 콘크리트와 같은 구조재, 즉 조적구조(maisonry : 콘크리트, 벽돌, 모래, 타일, 돌 등)를 사용하고 구조재가 아닌 경우에는 물벽이나 용융소금이나 파라핀과 같은 상변화물질(PCM : Phase Changing Material)을 사용하여 축열성능을 높일 수도 있다.

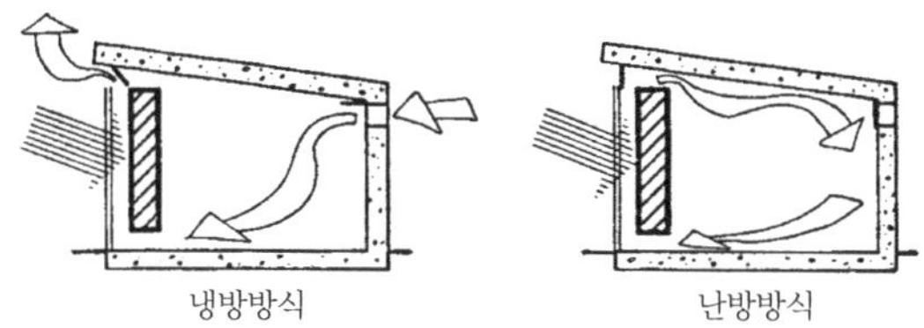

▶3.27 축열벽 방식(좌)

▶3.28 물벽 방식의 예(미국 Hunt 저택의 주택 내부(우)

축열지붕형(roof-pond system)

축열지붕방식은 축열체가 건물의 옥상층에 설치되는 것으로서 기본원리는 축열벽형과 동일한 방식이다. 축열체로는 보통 물이 사용되는데 옥상층에 설치한 수조에서 가열된 물은 열의 전도로 인하여 실내측에 복사된다. 특성으로는 실온이 비교적 안정되고 넓은 방열면으로 인해 쾌적한 실온상태를 유지할 수 있고, 각 실은 남면창이나 벽에 인접시켜 배치할 필요가 없으므로 실의 배치가 자유로운 장점이 있다.

그러나 이 시스템은 다른 자연형 태양열 시스템과는 달리 구조적인 처리와 모듈에 의한 계획, 지붕의 형태 등에 의해 제약을 받으므로 축열지붕시스템은 북위 36도 이하의 낮은 위도의 지역에만 가능하며, 밤과 낮의 기온 일교차가 심한 지역일수록 유리하다. 우리 나라의 경우 겨울철 동파방지상 제주도와 일부 남부지방을 제외하고는 거의 사용할 수 없다.

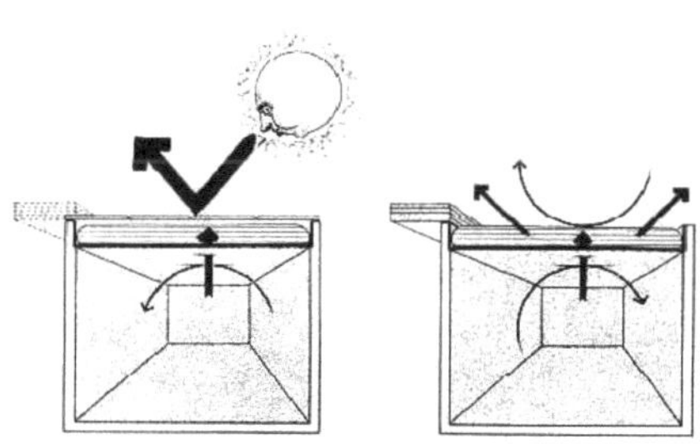

▶3.29 축열 지붕방식

- 겨울(난방) : 낮에는 지붕의 연못을 노출시켜 일사를 받고, 밤에는 단열 패널로 연못을 덮는다.
- 여름(냉방) : 단열패널을 겨울과 반대로 개폐. 즉 낮에는 연못을 덮어 일사를 차단하고, 밤에는 열어 자연대류와 천공의 야간방사에 의해 냉각시킨다.(좌)

▶3.30 축열지붕방식의 실례(아타스카데로 저택, 미국 캘리포니아, 1973)(우)

온실부착방식(Attached Sunspace System)

온실부착방식은 직접획득방식과 축열벽방식을 조합한 것으로 온실을 건물의 남측에 배치하고 온실과 건물 내부공간 사이에 축열벽을 설치하여 온실에 집열된 태양에너지를 축열벽에 저장한 후 실내 이용 부위에서 활용하는 방식이다. 따라서 집열창과 기본적인 축열체가 주거공간과 분리된다. 즉 태양열 시스템이 건물의 난방공간과는 독립적으로 작용되어 분리획득형의 일종이며, 현실적으로 일광욕실(solarium), 온실, 아트리움 등이 이에 해당한다. 이러한 온실 시스템은 주로 대류 열흐름을 유도하며, 하절기의 실내 과열방지 및 균일한 온도분포를 위하여 적절한 차양장치와 자연환기가 요구된다.

- 온실부착방식의 특징은 겨울철 낮동안에 거주공간의 연장공간으로 사용할 수 있고, 야간에는 온실 자체가 보온적 완충공간(Heating Buffer Zone)으로서의 기능을 할 수 있다. 특히 기존 건물에도 적용이 용이한 장점이 있으며, 응용방법에 따라 열성능이 달라진다.

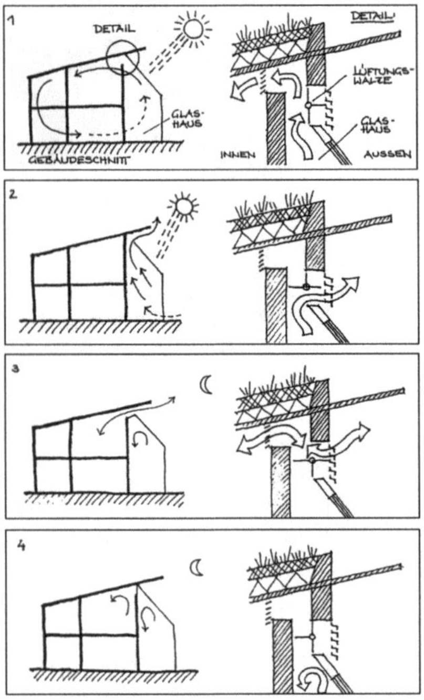

▲3.31 냉난방에 따른 온실공기의 흐름

자연대류형(Thermosyphon System)

자연대류방식(Thermosyphon System)은 보통 별도의 집열판을 이용하여 열매체를 자연적으로 순환시키는 것이 기본원리이며, 이 원리는 태양열에 의해 공기가 더워지면 더운 공기가 상승하게 되고 차거운 공기가 이를 대신하는 현상이 일어나는 공기의 자연대류현상을 이용한 것이다.

- 열매체의 자연순환은 공기 또는 물과 같은 열매체의 온도차이에 의해서 이루어지므로 순환펌프와 같은 기계적 조작이 필요 없다. 즉 집열기 속에서 가열된 공기는 직접 거주공간에 공급되거나 축열조에 일단 저장했가 사용되는데, 집열기는 건축물과 분리해서 설치해야 하므로 집열기의 설치공간 확보가 중요한 과제이다. 따라서 자연대류 집열기는 다른 형태의 자연형 집열기와는 달리 야간에 춥고 구름낀 기간동안에는 열손실이 일어나지 않는다. 또한 집열부분이 건물로부터 분리되어 있으므로 주택의 벽체나 개구부를 설계하는데 융통성이 있다.
- 한편, 수직벽 집열창을 사용할 경우, 벽에 설치하는 자연대류형 집열기는 축열체의 유무와 관계없이 다층 건물에 적용 가능하다. 즉

후면에 흡수형 집열창을 사용하여 집열기 후면에서 공기를 순환시키며 각 층의 콘크리트 슬래브나 조적조 바닥을 축열체로 사용할 수 있다. 이와같은 방식을 자연대류 집열판(TAP, Thermosyphoning air pannel)이라고 하는데, TAP방식은 축열성능이 없으므로 주간에 주로 이용되는 남면 거실 등에서 사용할 수 있다.

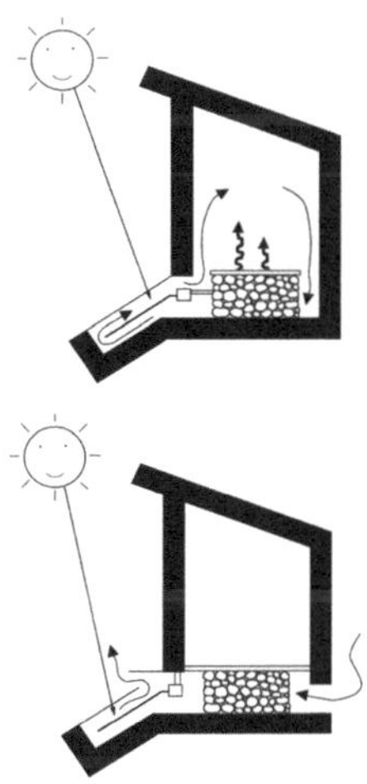

▶3.32 자유 대류방식에 의한 난방(상)과 냉방방식(좌)

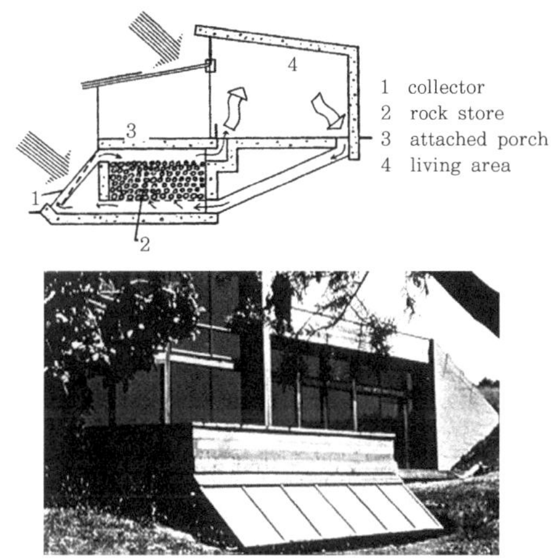

▶3.33 자연대류 방식 실례 - 폴 데이비스 저택(뉴멕시코주 코랄레스)(우)

이중외피(double envelope system)

건물을 2중 외피로 하여 그 사이로 공기가 순환되도록 하는 방식이다. 일반적으로 지붕 및 북측벽 면적의 1/2 이상을 2중 외피구조로 하고 있다. 남측면에는 부착온실, 바닥 밑에는 크롤 스페이스, 반지하실, 지하실 등의 공간이 있으므로 2중 외피의 공기통로와 연결되도록 한다. 주

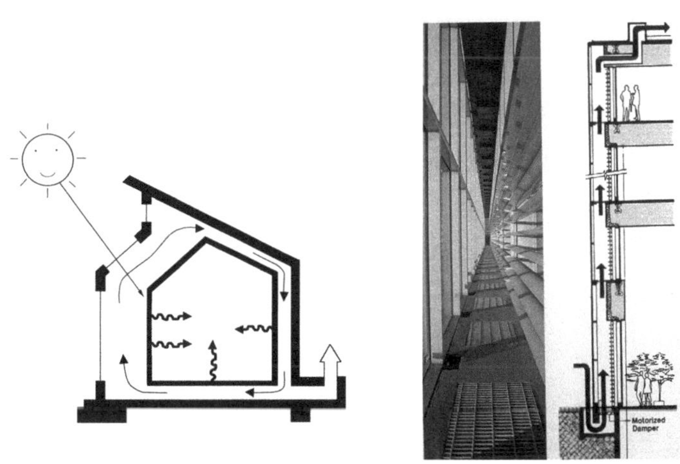

▶3.34 이중 외피방식과 적용 예(Hooker 빌딩의 이중외피구조)

간에 부착온실에서 데워진 공기는 2중 외피 사이를 순환하게 되며, 바닥 밑의 축열체를 가열하게 된다.

야간에는 역류현상이 일어나 축열조에서 가열된 공기가 북측벽과 지붕을 가열함으로써 열손실을 막게 된다. 이 방식은 용도와 건축형태가 복잡하고 시스템의 중앙통제가 가능한 병원건축, 대형 사무소건축, 공장건축, 체육관 등에 이용하는 것이 효과적이다.

조합식 또는 혼합식(System Combination)

건물의 성격에 따라 자연형 태양열시스템 중 몇 가지를 조합해서 사용하는 것이 효과적일 때가 많다. 즉 혼합형 시스템으로 각 시스템이 갖는 장단점을 상호보완할 수 있다. 대체로 우리 나라의 경우, 기후조건상 다음의 3가지가 주로 이용된다.

- 부착온실식 + 트롬벽식
- 부착온실식 + 직접획득식
- 부착온실식 + 트롬벽식 + 직접획득식

③ 자연형 태양에너지의 이용시스템 예

건물에 대한 태양에너지의 적절한 이용은 일사에 의한 태양열 및 자연채광 측면에서 접근할 수 있다. 태양열의 경우, 자연형 태양열 시스템에서 언급한 제 방법 중에서 몇 가지가 혼합되어 현대건축물에 적용되고 있다. 이 때 중요한 것이 건물의 외피구조이며, 이 외에 자연채광 및 실내온열환경 등을 복합적으로 고려하여 도입하는 것이 아트리움이라 할 수 있다. 이를 각각 구분하여 설명하면 다음과 같다.

외피구조

건물의 외피는 일사유입·열손실/열획득, 외기의 유입이나 풍압계수 분포, 그리고 에너지보전의 측면에서도 중요한 역할을 한다. 지역 미세기후의 계절적 변화에 따른 실내환경조절의 요구에 부응할 수 있는 건물 외피구조에 대한 설계는 무엇보다 중요하다.

현대건축물의 특징이 유리 외벽을 대량 적용하는 점을 감안할 때, 외적 기후조건의 변화에 따라 열적 평형을 유지할 수 있는 차양시설과 이중외피 시스템, 즉 - Twinface Facade, Second-Skin Facade 등의 다양한 외피구조가 연구되어 적용되고 있다. 이는 또한 실내환경조절의 요구에 따라 자연채광 및 태양열을 이용한 난방, 그리고 photovoltaic cell에 의한 전기에너지의 생산 등으로 이어진다.

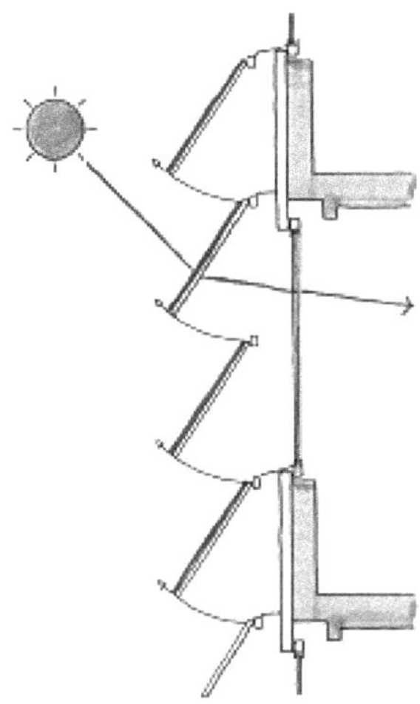

▶3.35 Second-Skin Facade

3분할된 입면은 각각의 기능을 갖도록 계획되었다. 프리즘 유리를 통한 자연채광의 적극적 유입, 환기 및 조망, 그리고 photovoltaic cell에 의한 전기에너지의 생산 등 건물 외피를 통하여 다양한 기능을 수행토록 하고 있다.

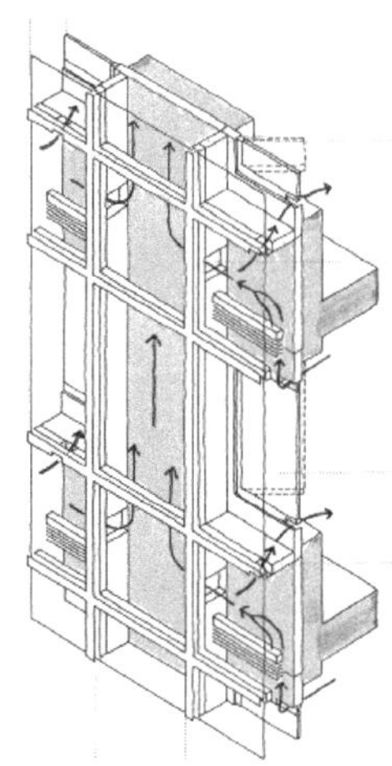

▶3.36 Twinface Facade

이중외피 사이의 더워진 공기는 상승기류를 형성하여 자연환기를 유도하며, 10층 이하의 건물에서 매우 효과적인 것으로 평가되고 있다.

실내 아트리움 공간의 형성

아트리움의 실내도입은 공간적인 측면 외에 실내 자연환기 및 채광, 태양열 이용 등의 환경적인 측면에서도 매우 유용한 방법이다. 또한 외부소음 차단 및 외내부 공간 사이에서 열적 완충효과도 얻을 수 있다. 이러한 아트리움 공간 내의 실내조경(interior planting)은 분위기 형성 외에 빛환경 및 실내 미시기후 향상에 중요한 역할을 한다.

아트리움은 자연형 태양열시스템 중 분리형으로서 온실부착방식의 확대된 시스템으로 볼 수 있으며, 적절한 자연형 열환경의 조성을 위해서는 아트리움을 덮고 있는 유리 외피구조에 신중한 설계가 요구된다. 왜냐하면 일사량의 주야 및 계절적 변화에 따라 아트리움 내의 열적 특성에 의하여 실내공기의 이동과 흐름이 변하기 때문이다. 대체로 현대건축물에서 적용하고 있는 아트리움 내의 자연형 환기는 높은 천창의 아트리움과 샤프트(Thermal Tower)를 통해 굴뚝효과 및 바람에 의한 자연환기가 동시에 가능하도록 계획하고 있다. 이러한 환기시스템은 외부 조건 변화에 따라 변하는 아트리움 내의 열적 특성에 대하여 충분한 검토를 필요로 한다.

▲**3.27** 일본 **Earth Port** 빌딩 외관, 아트리움 및 자연환기 개념도.

실내 아트리움은 환기용 수직샤프트(Thermal Tower)와 연계되어 실내환기를 원활하게 한다.

참고사항 : 태양열 건축 설계시 고려 요소

1. 건물의 설계시 고려해야 할 가장 중요한 요소의 하나는 태양에너지를 이용한 난방에너지의 절감과 자연채광에 의한 조명에너지의 감소이다. 따라서 건물의 배치는 대지 내에서 태양에너지의 활용이 가장 극대화될 수 있는 위치를 선정해야 하며, 건물의 방향은 태양에너지를 난방에 적극 이용하면서도 여름철 냉방에 미치는 영향을 극소화할 수 있도록 설계해야 한다.

2. 단열 및 차양장치

태양열 집열창은 낮 동안 태양열을 입사시켜 실내를 따뜻하게 할 수 있지만 반대로 야간에는 단열성의 저하로 취득한 에너지의 대부분이 이 곳을 통해 손실될 수 있다. 또한 여름철에는 낮 동안에 과열되어 냉방부하를 초래할 수도 있다. 따라서 이와 같은 야간의 열손실과 여름철 과열을 방지하기 위해 단열 및 차양장치가 필요하다.

▲**3.38**

가동식 **Sky-lids** : 가동 루버 시스템으로 경사창이나 천창에 사용되며 햇빛이 비추면 자동적으로 열린다.

① 야간 단열장치 : 남면의 넓은 집열창은 주간의 열획득과는 반대로 야간 열손실을 고려하여 야간단열구조의 설치가 필수적이다. 야간단열구조에는 가동식 Sky-lids, slatted shutter, sliding shutter, roll shade, quilt, curtain, honey comb, bead wall, zig-zag folded 등이 있다.

② 차양장치 : 건물의 차양장치는 일사량 조절을 위한 실내환경의 중요한 조절수단으로서, 실내와 실외의 차단방법 중 실외 차양장치가 보다 효과적이다.

- 내부 차양장치 : 베네시안 블라인드, 휘장(draperies), film shades, 단열셔터, opaque roll blind
- 외부 차양장치 : sun screen, awings, blind
- 수평 차양장치 : 태양고도가 높은 남향 벽에 효과적
- 수직 차양장치 : 태양고도가 낮은 동서향 벽에 효과적

③ 유리 : 건물의 일사열 취득은 주로 유리창의 면적에 의해 결정되고, 입사되는 창의 유리상태에 따라 반사, 흡수 및 투과된다.

- 열선 흡수유리 : 실내 입사량을 줄이기 위해 열흡수 유리를 복층창의 외측에 사용하면 단열효과가 증가한다. 열흡수 유리와 투명유리를 이용한 이중창을 회전 가능하게 하면 여름에는 차열효과, 겨울에는 수열기능이 향상될 수 있다.
- 반사유리 : 반사유리를 사용하여 반사 에너지의 양을 증가시키면 흡수 및 전도되는 양을 조절할 수 있다. 여름철 냉방부하 감소와 현휘방지 효과가 있다.
- 스마트 윈도(Smart Window) : 유리의 표면에 특수재료를 코팅하여 사용한 것으로서, 전이온도 이하일 때는 단순한 유리이지만 그 이상이 되면 자동적으로 광반사효과가 생긴다. 특히 적외선 차단효과가 커서 여름에는 태양열의 침입을, 겨울에는 실내난방열의 외부유출을 억제할 수 있도록 디자인된 에너지 절약형 창이다.
- 로-이(Low-E) 유리 : 투과율이 높으면서 복사열에 대한 방사율이 낮아 보온력이 뛰어나며, 특히 열관류율이 상대적으로 낮다.
- 유리블록 : 단일창에 비하여 열손실이 적고 충분한 주광을 받을 수 있다. 또한 유리블록 표면을 분광처리함으로써 실내로 입사하는 빛방향의 조절과 현휘감소가 가능하다.

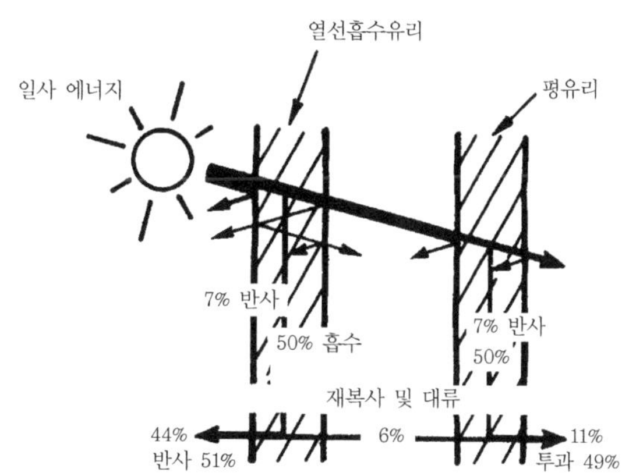

▶3.39 유리창의 종류 및 구조에 따라 입사되는 태양 복사에너지의 반사, 흡수율, 투과율 비율

2) 지열의 이용

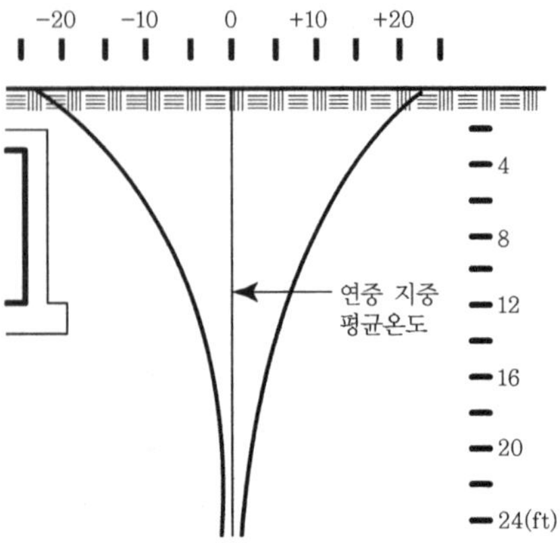

▲3.40 년간 지중온도 분포

지열은 무한한 열원으로서 이용 가능성이 매우 높은 에너지 자원이다. 또한 무공해의 친환경적 에너지원이며, 기후생태적으로도 매우 안전하다. 지중온도의 경우, 지표면의 온도변화폭은 외기의 온도변화폭과 거의 같으나 지중 깊숙히 들어갈수록 온도변화폭은 급격히 줄어들어 항온성을 갖는다. 즉 대기온도의 변화에도 불구하고 지중온도는 지하 8m 깊이에서 약 9℃ 정도의 온도를 항상 유지하고 있다.

이러한 지열과 항온성을 이용하여 냉난방에 이용할 수 있다. 냉방의 경우, 여름철 외기인입을 지중에 설치된 열교환 튜브를 통하도록 하면 실내에서 시원한 공기를 얻을 수 있고, 필요에 따라 가습하여 냉방효과를 더욱 높일 수 있다.

현대건축의 경우, 지열 이용은 어스 코일(earth-coil)이나 쿨링 튜브(cooling-tube) 등을 이용하는 방법이 적용되고 있다. 어스 코일은 지중에 삽입한 열교환 코일시스템에 냉매를 통과시키는 방법으로서 열펌프의 원리와 통합적으로 적용할 경우 그 효과를 극대화할 수 있다. 그 외에도 지하공간에 상당 길이의 지중 콘크리트 터널(Cooling-Tube)을 설치하고 여기에 외기를 통과시킴으로써 겨울철 난방이나 여름철 냉방을 위한 공조부하량을 현저히 감소시키고 있다. 이러한 지열 및 항온성의 이용은 기후조건과 건물의 성격에 맞는 여러 가지 방법이 시도되고 있다.

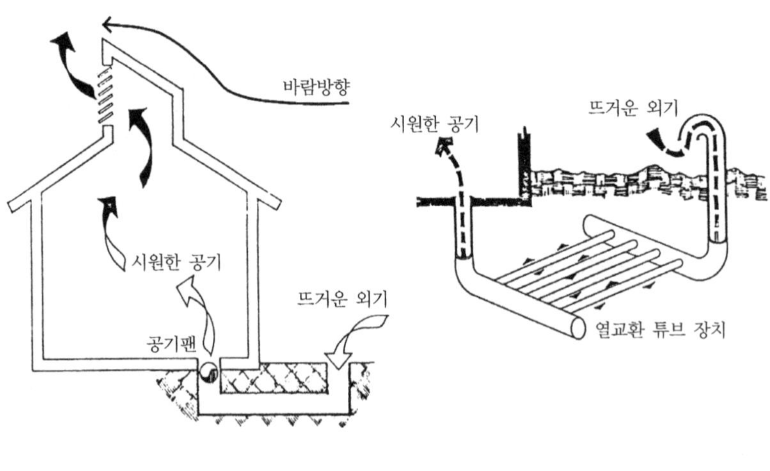

▶3.41 지중 열교환튜브에 의한 실내냉방시스템 개념도

▶3.42 어스 코일에 의한 냉난방 시스템

U형 폴리스티렌 파이프를 땅 속에 삽입하여 난방한 경우 부동액이 함유된 물을 순환시킴으로써 지열을 획득한 후 열펌프의 원리를 이용하여 증발기에 순환시켜 난방에 필요한 열을 얻는다. 또한, 냉방의 경우 어스 코일을 통해 물을 순환시켜 지하에 열을 방출함으로써 직접적으로 냉방에 필요한 냉각수를 생성한다.(좌)

▶3.43 쿨링 튜브방식의 일종인 지하 Thermal Labyrinth 공사장면

도심의 경우, 건축물 지하의 기초부분이나 측벽의 2중구조 사이에 필요량 만큼의 공기유통량을 얻기 위해 미로와 같이 구성이 된다.(우)

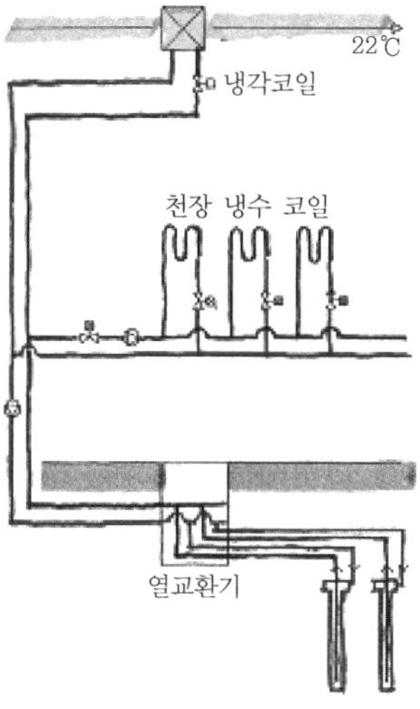

참고사항 1 : 지중건축의 특성 및 분류

▲3.44 미국 플로리다의 힐탑 지중주택

지중건축은 지중의 특수한 조건을 이용하여 건물을 지상이나 지하에 건설하되, 건물 표면을 흙으로 덮은 형태의 건축으로 정의된다. 이러한 지중건물은 일반의 지상 건축물과 비교해 볼 때 다음과 같은 특징을 갖고 있다.

① 지중건축의 특성

지중건축물은 에너지절약 효과 외에도 태풍, 지진, 화재, 소음, 진동 등의 자연환경으로부터 보호받을 수 있으며, 건물의 수명 및 유지관리 등에서 경제적인 장점을 가진다. 그러나 환기, 채광, 그리고 습기면에서 지상건물보다 불리하여 이에 대한 대책이 필요한 상황이다.

② 지중건축의 분류

지중건축물은 창호의 크기와 방향에 따라 무창형(chamber type), 중정형(atrium or courtyard type), 입면형(elevational type), 그리고 관류형(penetrational type)의 네 가지로 분류한다. 또한, 각각의 형태는 출입구와 환기구를 제외한 건물의 외피가 지상에 노출되지 않은 상태인 봉토(burying)와 한 면에 모든 창호를 설치하고 나머지 부분은 흙으로 덮어 흙의 양이 최대가 되도록 한 형태인 복토(berming)로 구분할 수 있다.

- 무창형 : 출입구와 환기구를 제외한 건물의 외피가 지상에 노출되지 않은 상태(봉토, burying)로 자연채광 및 환기가 불리하지만 지중의 열적 특성을 이용하여 에너지 절약면에서 가장 유리하다.
- 중정형 : 평지에 적합한 형태로 중정 주위에 거실 및 침실을 두고 각실의 창호

를 중정에 면하도록 한 것이다. 중정은 출입, 채광, 환기, 조망에 이용될 수 있고, 한 면에는 출입구 계획도 가능하다.

- 입면형 : 지중건축의 가장 일반적인 형태로 건축물 한 면에 모든 창호를 설치하고, 나머지 부분은 흙으로 덮어 흙의 양이 최대가 되도록 한 형태(복토, berming)이다. 경사지에 가장 적합한 형으로 난방, 냉방, 채광 등의 요구가 큰 실을 남쪽에 배치할 수 있다.
- 관통형 : 입면형과 비슷하지만 여러 형태의 창호를 건축물 주위에 설치하여 채광·환기 및 출입에 유리하며, 증축에도 대처할 수 있다.

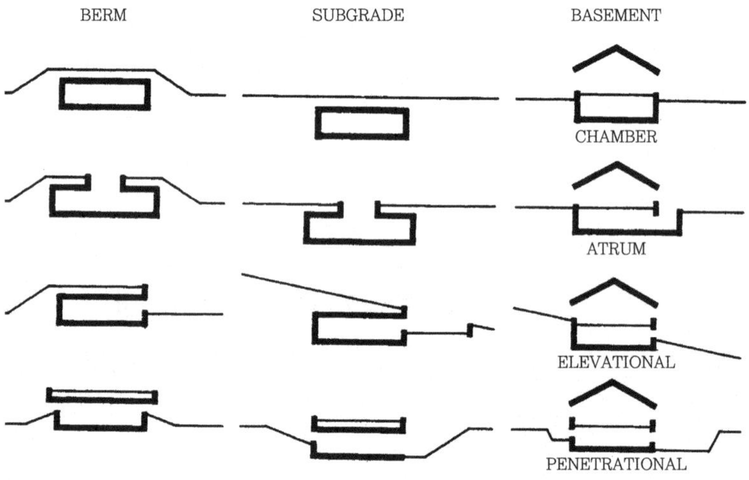

▶3.45 지중건물의 여러 형태

참고사항 2 : 지중건축 이용의 변천과정

인류가 지중공간을 이용하기 시작한 기원은, 천연동굴을 혹독한 기후변화와 맹수로부터 보호하기 위한 은신처와 식량비축 또는 매장시설로 사용하면서부터이다. 18C의 산업혁명 이후에는 화약과 굴착기술의 발달로 인공동굴 및 터널개발이 시작되었고, 2차 세계대전 이후에는 각종 군사시설 및 지원시설 등으로 이용범위가 확대되었다. 최근에 지중공간은 토지이용의 극대화와 경제성, 에너지절약, 도시경관보존, 자연보호 등의 측면에서 대규모 지하시설이 건설되고 있는 상황이다.

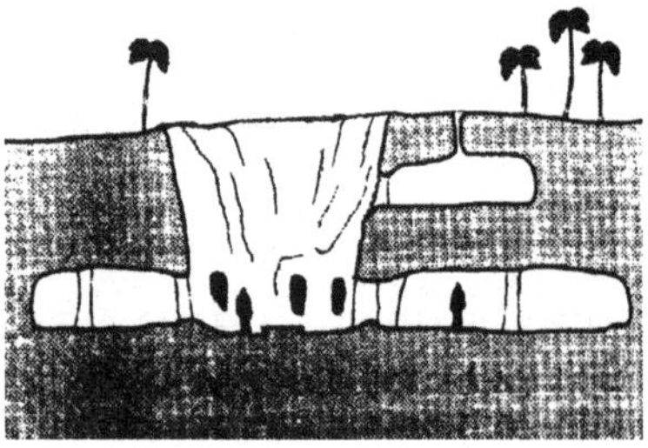

▲3.46 터키의 튜니지아 마트마타

① 고대의 지중공간

고대 튜니지아 마트마타 지역은 고온건조기후의 산악지대로서 수천 명의 사람들이 동굴에서 거주했다고 한다. 기원전 4C경의 중국 북부지역의 하남과 산서지방 황토지대에서는 겨울철 한랭건조기후와 여름철 고온다습한 기후를 피하여 약 5천 명 정도가 지하혈거생활을 해왔다고 하며, 그 외에 미국 콜로라도주 키바(Kiva)의 인디언 동굴주거지를 들 수 있다. A.D 8C 초에 기독교도의 은신처로 사용된 터키 카파도시아(Caqpadocia) 지방의 거대한 지하도시공간는 6km 지하통로와 3~10층 규모로 약 3만 명을 수용하는 규모였다고 한다.

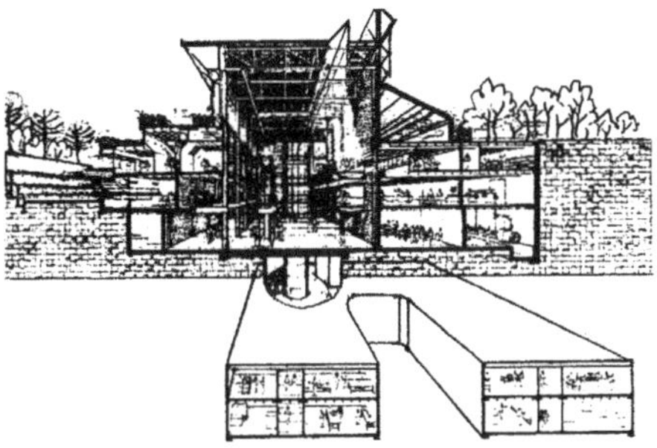

▲3.47 미국의 미네소타대학 토목광물공학과

② 중세의 지중공간

로마의 카타콤(Catacomb)과 같은 동굴은 분묘, 주거, 신전, 사원 등의 목적으로 이용되었고, 남부 프랑스 라르(Loire)계곡의 노출암반 석굴주택은 매우 안락하고 프라이버시가 보장되는 지하공간의 좋은 예라 할 수 있다.

▲3.48 노르웨이의 요빅 아이스하키장

③ 근대 이후 현재까지의 지중공간

- 노르웨이의 경우 : 요빅(Gjovil) 아이스하키 경기장은 세계에서 가장 큰 규모의 굴착동굴 건물이며, 1994년 동계올림픽의 아이스하키 경기장으로 사용되었다. 약 6,000명을 수용하는 공간으로서 에너지절약, 유지관리비 절감, 민방위시설 등의 장점을 갖고 있다. 그 외 Olso City Skrerasen 스포츠홀은 스포츠시설과 핵전쟁시 민방위대피시설로 계획된 지중건축물이다.
- 스웨덴의 스톡홀름시 Berwald Hallen 지하 음악당은 주변의 공원이 약 10m의 언덕을 이루며, 지상의 공원녹지를 훼손하지 않고 외부소음을 저감시킨 지상 1층, 지하 2층 규모의 음악공간이다.
- 미국 미네소타주립대학의 토목광물공학과 건물은 겨울철 영하 20도 이하의 기온과 연중 강설량이 많은 지역에 건설된 지중공간으로 지하 7층의 14000m^2 규모이다.

3) 자연풍의 이용

지역의 자연풍은 자연환기와 신선한 외기도입에 중요한 요소로서, 바람에 순응하는 건물을 설계하고자 할 때에는 바람의 성질을 이해하는 것이 우선적으로 요구된다. 자연의 바람을 이용하는 방법에는 ① 자연환기 및 통풍냉각을 이용하는 직접적 방법, ② 풍차를 이용하여 전기에너지를 생산하는 간접적 방법으로 나눌 수 있다. 이러한 바람에 의한 에너지활용은 지역에 따라 형성되는 미세기후 특성에 따라 크게 달라지므로 공기의 밀도, 바람의 속도 및 바람이 불어오는 면적 등을 조사분석하여 활용 가능성을 판단해야 한다. 경우에 따라서는 건물과 관련된 기류분석을 컴퓨터 시뮬레이션이나 축소모형을 이용한 풍동실험으로 그 영향을 분석하기도 한다.

▶3.49 R. Rogers의 2개의 건축계획안

Inland Revenue 본부 계획안(좌)의 경우, 전체 건물형태는 남서풍의 가속에 의한 자연냉방을 유도하기 위해 고안됨.
Turbin Tower(도쿄, 우)의 경우, 주변의 바람조건과 상태분석 후 풍력발전을 건축에 도입.

그 외에 지역에 따라 형성되는 미세기후는 그 지역의 건축계획에서 형태 및 재료를 결정하는 중요한 고려 인자로 작용한다. 기후조건의 경우, 고온다습한 지역에서는 통풍이 가장 효과적인 자연냉방(passive cooling)기법이 될 수 있으므로 미세기후의 파악, 자연풍의 실내 유입방법, 실내에서의 기류경로 등을 자세히 검토하여 건축계획에 반영하는 것이 좋다. 그리고 더운 여름철에 건물의 야간환기를 이용할 경우에는 일시적 냉각, 축냉에 대한 고려와 함께 야간의 천공에 의한 복사냉각(sky-radiation)을 활용할 수 있는 건물의 외피구조를 고려하는 것이

▼3.50 풍동실험의 실례

주거단지의 기류분포(좌), 단위세대의 평면형태에 따른 기류분포(우)

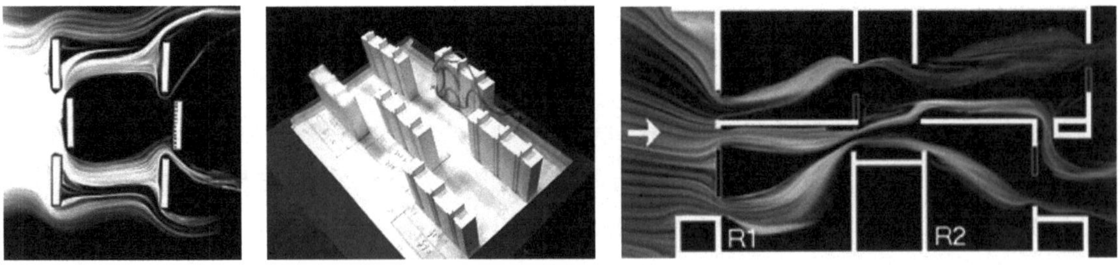

좋다.

자연환기는 크게 두 가지, 즉 바람에 의한 환기와 굴뚝효과에 의한 환기로 구분된다. 자연풍에 의한 환기가 기압차에 따른 공기의 자연스러운 흐름을 이용하는 것인 반면에 굴뚝효과에 의한 환기는 건물의 실내·외 기온 차이에 의한 공기의 부양력에 의하여 발생하는 공기의 흐름을 이용한다.

현대건축의 경우 외창, 아트리움을 이용하여 실내공간에 대한 자연환기를 적극 도입하고 있다. 건물 외벽에 위치한 실내의 경우, 자연통풍을 위한 개구부 계획과 실내 아트리움과의 연계가 중요하며, 아트리움에 의한 자연형 환기는 높은 천창의 아트리움과 샤프트(Thermal Tower)를 통한 굴뚝효과 및 바람에 의한 자연환기가 동시에 가능하도록 계획하고 있다.

사무소 건축의 경우, 외기에 면한 사무공간의 상부창과 하부창을 두며, 또한 아트리움으로 공기를 유입한 후 상부로 배출시킬 수 있도록 아트리움 천창 부분에 개폐조절 장치를 마련함으로써 외기 상태에 따라 기류조절이 가능하도록 계획하고 있다. 이러한 환기시스템은 외부 조건변화에 따라 변하는 아트리움 내의 열적 특성에 대하여 충분한 검토를 필요로 한다.

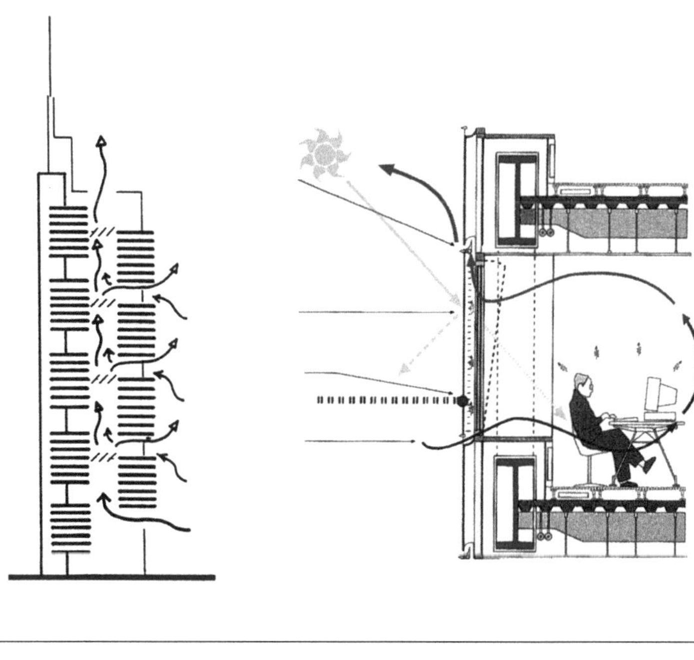

▶3.51 포스터(N. Poster)의 독일 프랑크푸르트 상업은행 주단면과 환기개념도

전체적으로 사무공간은 중앙 아트리움과 연계되어 단위공간의 자연환기와 아트리움에 의해 전체 자연환기가 이루어지고 있다. 이는 빌딩 자동화시스템과 부분적 수동장치에 의하여 조절된다.

4) 우수와 식재의 이용

깨끗한 물은 소중한 자원으로서 건축에서 빗물의 사용과 중수시스템의 적용은 매우 중요하다. 빗물을 수집하여 중금속 성분과 각종 오염물질을 제거하기 위해서 건물의 옥상녹화, 더 나아가 입체녹화가 바람직하다. 우수는 집수장에 모아진 후 여과과정을 거쳐 진흙제거 및 자외선 살균을 통해 정화되며, 이러한 반복적인 여과과정을 거치면서 일정수준의 수질에 도달하게 되면 음수 및 중수로 사용하게 된다. 일반 사무소 건물의 경우, 화장실과 실내조경을 위한 필요 수량의 50~60%를 우수처리로 얻어진 중수로 공급할 수 있다.

이 밖에도 빗물을 처리하여 건물외피를 냉각시키거나 증발냉각에 의한 건물주변의 공기온도를 낮추는 데 이용할 수 있다. 이와 더불어 건물의 식재는 그 종류와 밀도에 따라 지표면의 표면형태와 반사율을 바꿀 수 있고, 또한 지표면의 함유 수분량에 따라 열흡수 및 저장능력이 증대하여 건물 주변 미기후의 안정에 기여한다.

현대건축의 경우, 자연환기 및 채광을 목적으로 설치된 아트리움 유리지붕에 스프링클러와 같은 장치로 중수를 분사하여 외피냉각을 통한 실내공간의 냉방부하를 감소시키거나, 입체녹화를 통한 우수의 수집, 여과와 함께 계절별 일사 및 통풍조절 효과, 지면차양 및 수분증발에 의한 냉각효과를 얻고 있다.

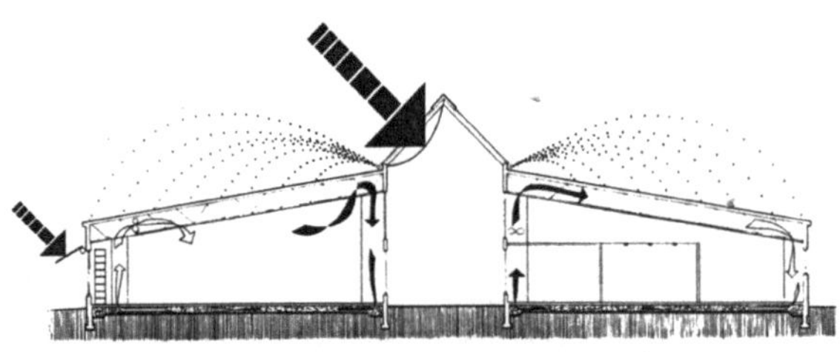

▲3.52

여름철 지붕살수는 수분의 증발에 의하여 지붕외피를 식혀줌으로서 냉방부하를 줄인다. 이에 사용되는 물을 우수를 여과한 중수를 사용하면 더욱 친환경적이 될 수 있다.

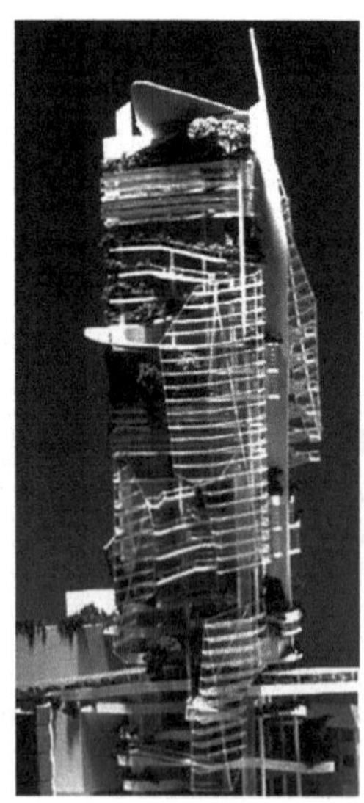

▶3.53 Ken Yeang의 Editt Tower

빌딩의 입체조경은 일사량 조절과 우수정화를 돕는다. 건물 파사드에 위치한 스캘럽은 우수를 수집하며, 저수조를 통해 중수로 재사용된다.

(2) 빛환경

자연채광은 거주자의 시각적 피로를 덜어주고, 긍정적인 태도를 갖게 할 뿐만 아니라 인공 조명에너지를 절약할 수 있는 효과적인 방안으로서 건물설계시 자연채광과 인공조명간의 적절한 균형이 요구된다.

실내의 빛환경은 공간에 빛을 매개 수단으로 양적·질적 요구에 충족되도록 조명의 질·색·조도의 적절한 균형이 요구된다. 또한 시공간의 크기, 시각적 질서, 적당한 방향성을 대조시키며, 빛 밝기의 대조로 다양한 정보를 암시해야 한다. 따라서 좋은 빛환경은 빛의 양과 질이 동시에 중요하며, 조도와 조도분포, 현휘, 대비, 연색성, 확산성 등이 자연채광과 인공조명에 관한 계획조건으로 요구된다. 이 중에서 조도 문제와 빛의 실내분포 문제는 전혀 다른 조건으로서 전자가 생리적 조건임에 반하여, 후자는 건축적 조건이다. 광선반, 반사형 루버, 조명분배를 위한 천창 등은 자연채광을 이용하기 위한 빛의 실내분포를 위한 건축적 기법들이다.

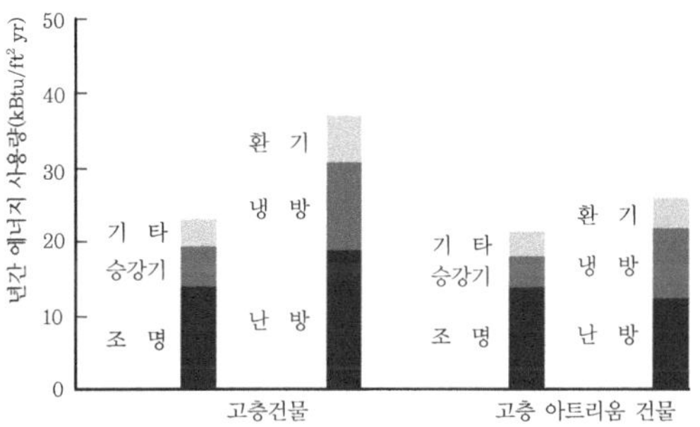

▲3.54 건축물의 연간 에너지 사용량 비교

조명 에너지의 사용량이 의외로 높음을 알 수 있다.

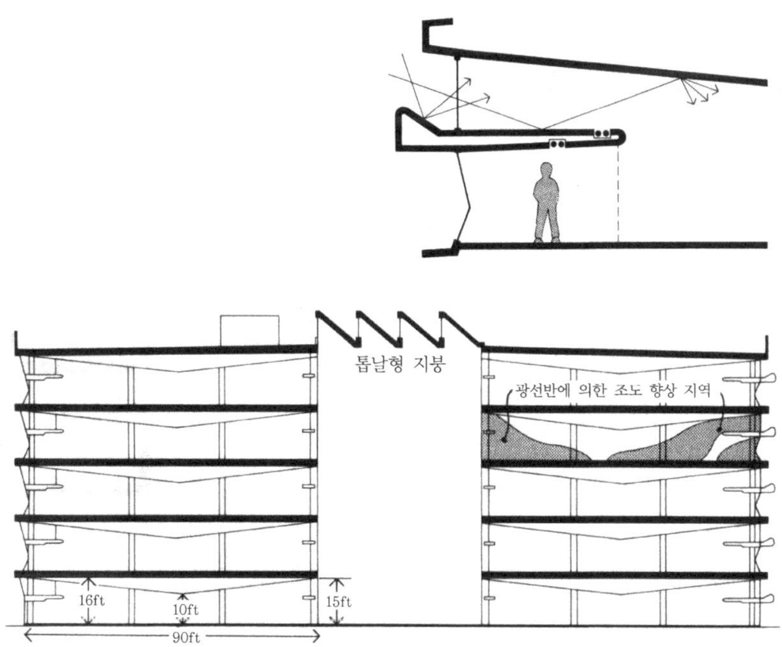

▶3.55 미국 록히드 빌딩의 실내 빛환경 조성 예

외창 및 아트리움에 면한 부분에 광선반을 설치하여 주광이 실내 깊숙히 들어오도록 하고 있다.

1) 자연광의 실내도입 방법

자연광의 효율적 실내도입은 명시조건은 물론 실내환경과 조화를 이루도록 해야 한다. 또한 에너지절약차원에서 건축계획에 적극 반영되어야 한다. 자연채광을 위한 기본방향과 계획방법은 다음과 같다.

① 자연광 이용의 기본방향

a. 가능한 한 실내 깊숙히 풍부한 자연광을 도입한다.

b. 시야 내의 지나친 눈부심이 생기지 않도록 한다.

c. 주요 작업면에 광막반사(veiling reflection)를 최소화해야 한다.

② 자연광의 실내도입계획 방법

a. 주요 작업면에 직사광이나 천광의 직접 도입을 피한다.

b. 주요 작업공간이 아닌 곳에 직사광의 부분적 도입으로 실내분위기에 생기 부여

c. 실내공간 주변에서의 반사된 산란광의 실내 도입

d. 고창을 통한 자연광의 도입

e. 자연광 산란장치의 설치

f. 채광계획은 다른 환경요소들 – 즉 조망, 자연환기, 음향, 바람의 영향 등 – 을 종합하여 계획

▼3.56 광선반에 의한 실내 조도변화(좌)

▼3.57 광선반, 수평차양 등에 의한 자연광의 확산(우)

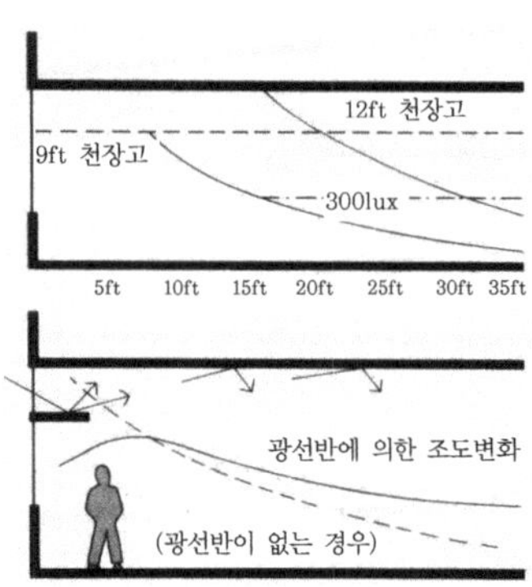

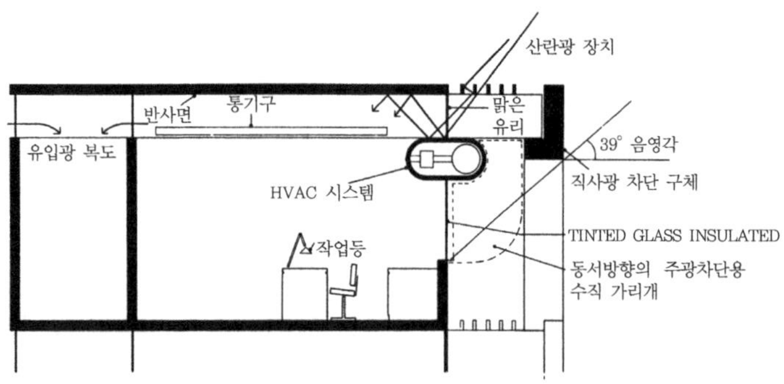

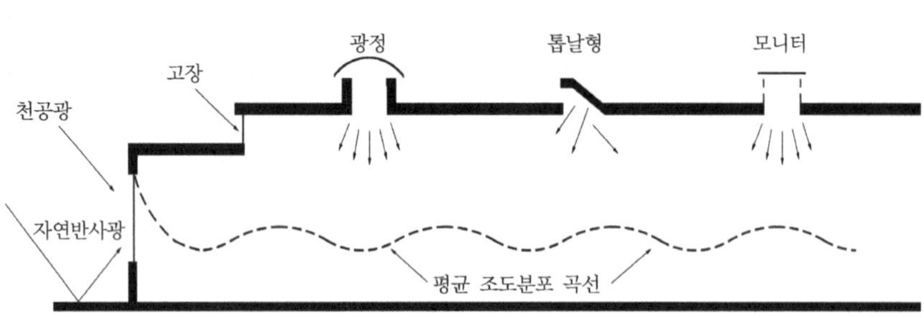

▶3.58 확산광 장치에 의한 실내조도의 변화

2) 실내의 빛환경 조절 및 절약 방법

빛환경 측면에서 실내공간은 주간의 경우, 자연광과 인공광이 겸하여 사용되는 경우가 대다수이다. 일반 사무공간의 경우, 측창에 가까운 곳이 지나치게 밝은 반면, 내측은 어둡고, 도서자료실이나 회의실의 경우처럼 사용인원 및 사용빈도가 낮은 경우, 잘못된 조명계획이나 관리에 의하여 인공조명을 위한 에너지 낭비가 의외로 많아질 수 있다. 자연광을 실내 깊숙이 사입시키는 노력 외에 인공조명에 대한 절약대책이 초기 계획단계에서 고려되어야 한다.

① 자연광에 대한 대응방법
- 전략 : photocell과 연결된 인공광의 조절장치에 의하여 건물 외주부의 조도조절
- 방법 : 스위치 방법 ① on/off 방식 ② 다단 방식 ③ 연속 디밍 방식 ④ 수동식/자동식

② 이용자에 대한 대응방법
- 전략 : 낮은 점유율의 경우 및 낮은 조도 하에서 작업 가능한 경우에 조도를 낮춤.
- 방법 : ① 타이머 부착 ② 감지기 부착 ③ 수동식 벽 스위치

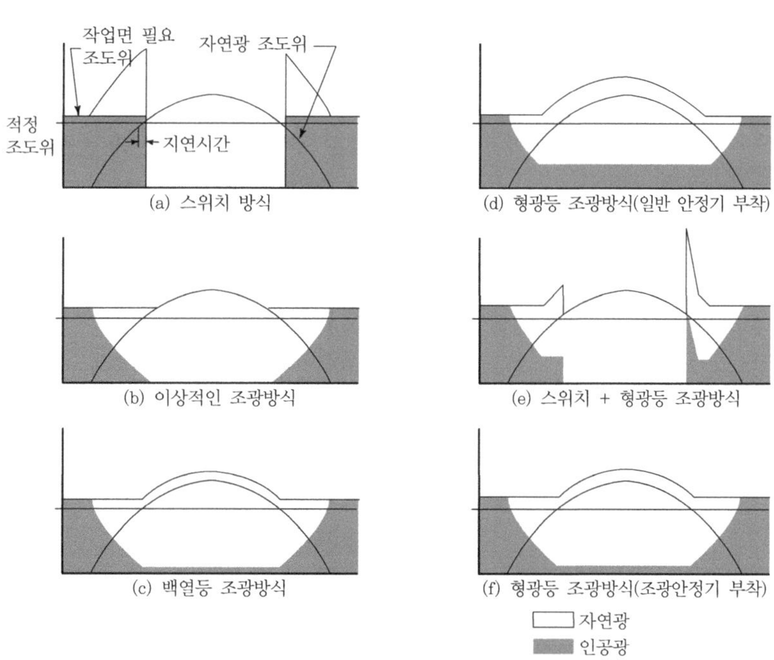

▶3.59 실내 빛조절 방법의 개념도

③ 장소에 따른 대응방법

- 국부조명의 채용
- 방법 : 회로구성 / ① 지역별 구성 ② 등기구의 그룹화 ③ 개별 등 회로설치

  스위치방식 / ① on/off 방식 ② 다단 방식 ③ 연속 디밍 방식

참고사항 1 : 빛환경과 관련된 용어의 정의 및 해석

① 휘도(brightness) 휘도=광도/광원의 겉면적 = I/A(sb)
(예=알 전구에 Globe를 씌우면 휘도가 낮아짐)

② 색온도 °K : 흑체의 어느 온도에서의 광색과 광원이 가지는 광색이 동일할 때 그 흑체의 절대온도를 색온도라 한다.

③ 주광율(Daylight Factor, DF) : 야외조도에 대한 실내조도의 비

$$\text{주광률(D)} = \frac{\text{실내 어느 점의 조도}}{\text{그때의 전 천공조도}} (\%)$$

④ 연색성 : 빛의 분광특성이 색의 보임에 미치는 효과로서, 태양광선 밑에서 본 것과 비교하여 멀어질수록 연색성이 저조해진다. 형광등 불빛의 차가운 느낌이나 촛불의 따스한 느낌은 모두 연색성과 관련되어 있어서 푸줏간에 진열된 고기나 웨딩드레스 진열장의 인공조명의 연색성은 우리가 잘 알고 있다. 이와 같이 연색성은 인간의 느낌과 직결되어 욕실, 백화점 등과 전시공간의 조명계획시 특히 신중한 선택이 필요하다.

⑤ 현휘 : 넓은 의미에서 현휘란 눈의 순응상태가 나빠 대상을 보는데 방해가 되는 현상을 총칭하며, 많은 빛이 눈에 들어오기 때문에 발생한다. 그 종류는 다음과 같다.
- 불쾌 글레어현상(Discomfort Glare) : 고휘도 광원으로 인한 불쾌감 혹은 눈의 피로로 인한 눈부심
- 불능 글레어현상(Disability Glare) : 고휘도 광원으로 인한 불쾌감과 시력 저하로 인한 눈부심

참고사항 2 : 조명 설비의 요건

a. 명시조건에 만족 b. 각 공간의 환경과 조화(연색성, 음영)
c. 사용상의 편리점 d. 안전성 e. 경제성

참고사항 3 : 자연채광 도입방법의 비교

· 측창 채광(side lighting, lateral lighting) : 입체감, 개방감에는 우월하지만 실내 조도분포가 불량해지기 쉽다.
· 천창(top lighting, sky lighting), 광정(light well) : 실내 조도분포에서는 유리하지만 개방감에서 불리하다.
· 정측광(top side light), 톱날형 지붕채광(saw-tooth roof), 모니터 채광(monitor-roof) : 실내 조도분포에서는 유리하지만 개방감에서 불리하고, 직사광에 의한 눈부심과 휘도분포의 불균형에 유의해야 한다.

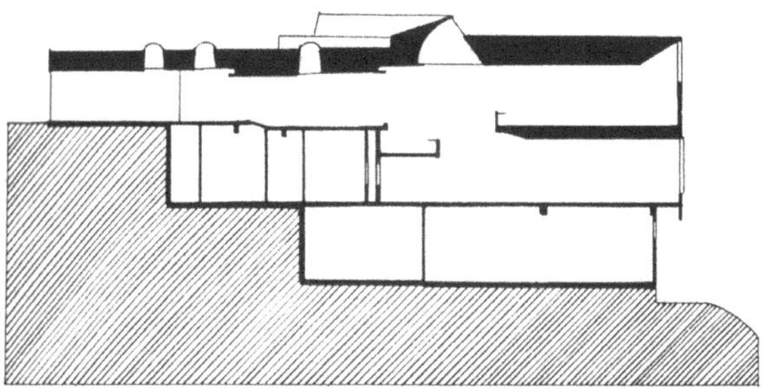

▲3.60 알토(A. Aalto)의 마운트 앤젤 도서관 단면도

자연채광을 위한 천창 및 측창과 상하 개방공간을 보여준다.

▶3.61 캐나다 Safdie 국립미술관의 천창부분의 단면 모델

3.2.4 친환경건축의 접근방법

도시 및 건축에 대한 친환경적 접근을 대별하면 2가지의 접근, 즉 -① 자연공생, ② 환경에 대한 부하량의 축소-로 요약되며 친환경건축을, 환경보호를 위한 자원절약 및 환경오염 저감기술을 결합한 건축이라고 정의할 때, 이를 위해서는 에너지절약형 설계(Energy conscious Design)와 지속 가능한 개발(ESSD) 개념에서의 접근이 동시에 필요하다. 또한 자연공생에 대한 도시 스케일적 접근은 생태계 고유의 순환시스템을 보존·재생하는 개념으로서 자연환경과 수순환과 밀접하게 연계된다. 이러한 생태계 고유시스템의 보존 · 재생을 위한 기술이 필요한 항목은 다음과 같다.

▶3.62 영국 스코틀랜드, 불교 신자용 수련원 계획안

Holy섬 남쪽 법면에 계획된 이 휴양단지는 자연에너지 이용시스템과 모든 생활기반이 자급자족을 목표로 하는 생태단지로 계획되었다.

- 녹환경 형성 : 수림지대 보전 / 복원녹화
- 수환경 형성 : 수계기반 보전·재생 / 수변공간 보전·재생
- 생물환경 형성 : 생물생식공간 보전·재생 / 생물유치 – 그린네트워크
- 기상환경 형성 : 미기후
- 유출억제추진 : 우수저류 / 우수침투

▶표 3.6 환경 배려 체계

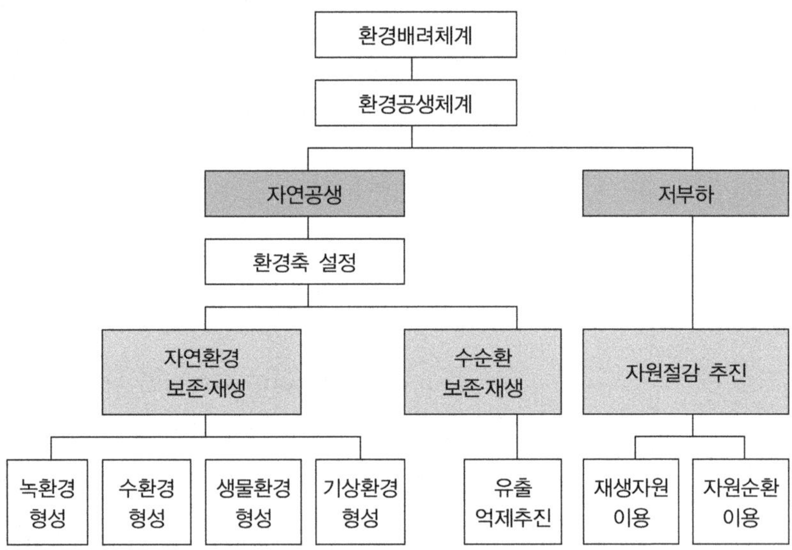

대체로 건물은 초기 계획단계에서부터 설계, 시공, 운영 및 유지관리, 그리고 최종적으로 재사용 또는 폐기에 이르는 전과정을 통해 에너지를 소비하며, 건물의 총 수명기간 동안 발생하는 에너지 중 약 80%가 건물 유지관리에 소비되고, 이 중의 50%가 냉난방, 환기 및 조명 등의 인공적 실내환경 조성을 위해 소비된다.

이렇게 볼 때, 친환경건축은 기후변동에 대처하기 위한 미기후조절, 단열보강과 같은 기본적 에너지절약 기법을 통한 조절이 선행된 후, 자연에너지를 적극적으로 활용하는 자연형 기법으로 최대한의 기후조절을 시도하여 기계설비의 의존도를 최소화해야 할 것이다. 또한 초기 단계부터 환경에 대한 영향을 최소화할 수 있는 재료의 선정이나 재활용 소재의 적용 등도 중요한 사항이다.

① 환경적 형태의 적절성 : 건물 형태, 평면의 대지 및 주변환경, 지역의 미세기후와 연계
② 에너지 절감 및 사용의 고효율화(Energy Conscious Design)
③ 친환경적 건축재료의 선정

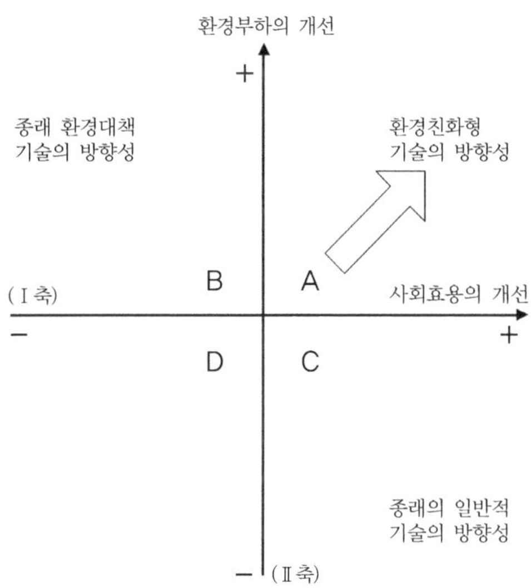

▲3.63

친환경적 제반 기술은 엔트로피 개념에서 볼 때, 환경부하 증가의 부작용 최소화가 중요하다. 이는 사회효용의 개선방향으로 친환경기술이 진행되어야 함을 인식시킨다. (자료 : 이동근, 도시의 환경친화성 기술, 대한건축학회지 건축 '97. 12)

이러한 모든 친환경적 설계전략은 건축설계 초기단계에서부터 적극적으로 계획요소로 고려되어야 한다. 이를 위해서는 초기 개념설정 단계에서부터 건축가와 엔지니어의 적극적인 협력에 의한 통합적 접근이 필요하다. 이는 친환경건축을 구현하기 위해서 건축적 요소, 설비시스템, 그리고 이들의 유기적 연관성을 토대로 통합·운영함으로써 에너지 소비의 최소화와 재실자의 쾌적에 대한 요구를 만족시킬 수 있어야 하기 때문이다. 또한 이러한 제반 친환경기술은 엔트로피개념에 의하여 전체 환경부하량의 증가를 최소화하는 방향에서 진행되어야 한다.

이러한 친환경건축으로의 접근은 기술적 진보인 하드웨어 측면에 우선하여 시민의 환경의식을 기초로 한 소프트웨어적 측면이 더욱 중요성을 지닌다. 또한 이를 주도해야 하는 건축가들의 미래 지향적 정신자세, 즉 '다가올 미래에 대하여 현시점에서 올바른 방향으로 대처하고 있는가?'를 항상 재고하여, 미래의 건축이 다음 세대를 위해 보다 세심하고, 사려깊은 설계가 되도록 끊임없는 노력이 필요하다.

▶표 3.7 적용 시점에 따라 요구되는 친환경 건축기술

설계, 계획단계	에너지절약 기술 적용, 환경친화적 재료 선택, 오염저감 기술 적용
건설단계	건설폐기물처리 기술, 건설소음저감 기술
유지관리단계	고효율 설비 기술(유지관리 및 보수기술, 자동제어기술), 실내 쾌적성 확보 기술, 재활용 폐기물의 분류·수집 기술
건물해체 및 폐기단계	폐기물의 재활용 기술, 해체시 소음, 분진방지 기술

참고사항 : 친환경 건축을 위한 각국의 노력 – 관련 인증제도 및 시행현황

친환경건축은 기존의 에너지절약형 건물에 환경보호를 위한 자원절약 및 환경오염저감기술을 결합한 건물이라고 할 수 있다. 이러한 친환경건축을 위한 기술은 일반적으로 에너지효율에 관한 기술(Energy Efficiency)과 지속가능성(Sus-tainability)에 관한 기술로 대별할 수 있고, 세분하면 에너지 절약기술, 공해저감기술, 쾌적환경기술 및 자원절약기술로 나눌 수 있다.

선진각국은 이러한 친환경건축을 장려하기 위하여 갖가지 정책을 발표하고 있으며, 각국의 실정에 맞는 등급(평가)기준을 마련하여 건축물의 건설·운전·폐기에 따른 오염물질의 발생량을 평가하는 연구가 계속되고 있다. 이렇게 환경부하 저감을 위한 정부의 제도적 장치 개선과 보다나은 환경에 대한 사회적 요구에 힘입어 친환경적 축의 보급·확산이 촉진될 것으로 예상된다.

1. 건물 에너지성능 인증제도

선진 각국은 1차 석유위기 이후 에너지 절약문제, 2차 석유위기를 맞는 시점에는 지구환경문제 특히 이산화탄소 배출에 의한 지구온난화에 주목하기 시작하였다. 온난화 방지를 목표로 에너지 절약기준의 재검토과정은 에너지이용에 대한 최소한의 충족요건을 만족하는 부위별 기준(Component Standard)에서 건물 전체부하 또는 에너지소비의 상한에 대한 기준인 성능기준(Performance Standard)으로 발전시켜 나갔다. 이를 수행하는 방법으로 의무화에 의한 강제적 수단보다 자발적 의지로 에너지를 절약토록 하는 에너지성능 인증제도 시행을 강하게 추진하고 있다.

2. 친환경 건축물 인증제도

환경인증제도는 지속가능한 개발철학을 건축분야에 접목하여 각종 개발행위가 환경친화적이고 지속가능한 사회구현에 기여할 수 있도록 제도적 장치를 구축하는데 그 목적을 두고 있다. 건축분야의 환경인증제도를 처음으로 도입한 나라는 영국으로서 1990년대 초반부터 이 제도를 연구개발하여 현재 상당히 활성화되어 있는 상태이며, 이후

각 국의 평가모델 및 인증제도에 큰 영향을 미치고 있다.

우리나라의 경우, 환경부 주관의 건축물 그린빌딩 인증제도와 건설교통부 주관의 주거환경 우수주택 시범인증 사업운영이 2000년까지 운영되다가, 2002년 1월부터 친환경 건축물 인증제도로 통합·운영되어, 친환경 건축물의 육성을 위한 새로운 전기를 마련한 상태에 있다.

▼표 3.8 세계 각국의 주거관련 건축물 환경인증제도
(자료 : 이규인, 건축물 환경인증제도의 정착을 위한 제안, 대한건축학회지 건축 '02. 02)

국 가	제도명	인증기관	관련정부 및 역활	운영대상
영 국	BREEM, Ecohomes (1993, 1999)	BRE	DETR (연구개발재정지원)	주택, 주거단지
미 국	LEED(1993)	USGBC	DOE, EPA	고층공동주택
일 본	환경공생주택 인증제도(1999)	(재)주택건설성 에너지기구 건축연구원	건설성/통상산업성 (통합고시)	단독주택, 주거단지
네덜란드	Eco-Quantum (1996)	IVAM, Environmental Research	Ministry of Housing, Spatial Planning & the Environment (개발비지원)	주거
뉴질랜드	GreenHome Scheme (1997)	BRANZ	Ministry for the Environment (프로그램개발지원)	주거건축물
스웨덴	EcoEffect	Center for Built Environment	Swedish Board of Housing Building and Planning	주거건축

3.3 아트리움 건축의 이해

3.3.1 새로운 건축 개념으로서의 아트리움

(1) 아트리움의 개념

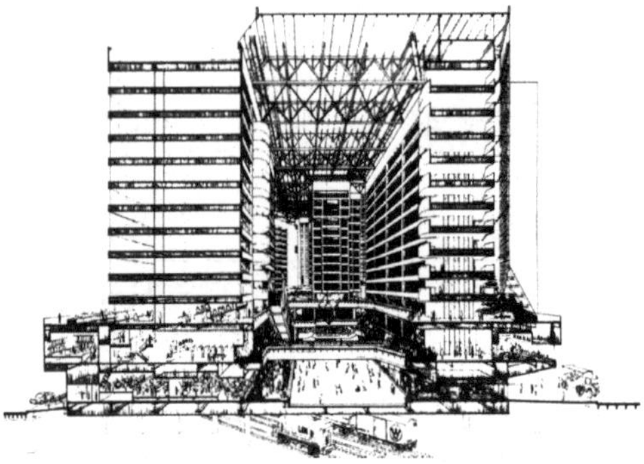

▲3.64 'Omni International'의 아트리움 단면도

아트리움이란 일반적으로 유리지붕과 같은 투명체로 덮은 중정(covered courtyard)을 말하며, 시각적 신선함, 동선 및 기능적 이익과 에너지 절감에 크게 기여한다. 아트리움의 실내공간 디자인 추세는 외부공간적 내부공간으로서 공간의 특이성 때문에 현대도시의 개선책으로 적용되고 있는 보행자몰, 광장, 보행체계 및 공중보도교(walkway system and skyway bridges), 지하 콩코스(underground concourse) 등의 공간구조체계에 환경미술품이나 간판, 및 가로장치(graphic and street furniture) 등의 시각환경물이 실내식재, 수공간의 형성 등에 의한 실내 녹색공간과 함께 하도록 디자인되고 있다.

▲3.65 Wainwright State Office

기존 건물이 아트리움으로 증·개축되어 옛 이미지를 유지하면서 사용됨을 보여준다.

이는 환경공학 측면에서 볼 때, 1970년대의 에너지 위기와 환경오염에 대응하여 자연채광, 자연통풍 등의 실내도입을 고려한 에너지 절감형 디자인(energy conscious design)이 적용되어 실내 쾌적환경 형성에 꾸준한 진전을 보이고 있다. 이렇게 아트리움의 적극적 실내도입은 도시환경, 건축실내환경의 개선과 함께 통칭하여 친환경적 건축의 한 줄기를 형성하고 있다.

아트리움 도입을 통한 건축 리노베이션이 갖는 의미는 기존 건축물을 적은 투자비용으로 변경하여 효과적으로 재이용할 수 있을 뿐 아니라 보존가치가 높은 건축물은 기존의 컨텍스트에 유지시키며, 자연기후 요소의 실내도입에 의한 아트리움 공간 활성화라고 할 수 있다. 좋은 예로서 중정이 있는 오래된 건물을 아트리움 건물로 변경한 사례 및 시장, 공공광장, 보행자 통로를 아트리움으로 덮은 도시의 스케일 적용을 들 수 있다.

이렇게 볼 때, 아트리움 대입을 통한 옛 건축의 리노베이션은 도시환경 측면에서 환경의 질과 변화감, 그리고 시간적 연속성을 유지 내지 향상시킴으로써 건축사적, 사회문화적 측면에서 그 중요성을 유지시켜 나가는 창조적 보존이라 할 수 있다. 또한 아트리움 도입을 통한 자연기후 요소의 실내도입과 실내조경의 형성은 단일 개체로서의 오래된 건축물을 적절하고 지속적으로 사용할 수 있도록 새로운 생명력을 부여하는 재생작업- 즉 친환경적인 측면에서 긍정적으로 접근하는 한 방편으로 생각할 수 있다.

그러나 이를 기술측면에서 볼 때, 외부적 내부공간에 대한 경제적 검토와 아트리움이 갖는 공간의 개방과 이에 따른 화재 발생에 대한 적절한 대응 방침이 동시에 요구된다.

(2) 아트리움의 기능과 설계 개념

▲3.66

현대건축의 아트리움은 외부공간적 내부공간으로서 자연요소와 함께 실내공간에 활기를 부여한다.

아트리움 건축은 현대 사회에서 요구하는 ① 문화적 기능, ② 경제적 기능, ③ 피난처 기능, ④ 수용적 기능을 풍성하게 하여 도시와 건축의 연계, 환경측면에서 적극 수용되고 있다. 아트리움은 도시의 가로체계와 건축물이 접촉되는 매개공간인 건물의 로비공간, 즉 다수의 사람이 통행·접촉·휴식하는 공적 공간에 주로 적용되어 왔다.

이러한 아트리움의 기능은 ① 외부공간과 실내공간의 연결, ② 동선의 순조로운 분배, ③ 자연기후 요소의 실내 도입으로 구분될 수 있고, 이를 수용하기 위한 필요면적과 부차적 시설 및 실내 쾌적기후 조건을 형성하기 위한 인위적 보조수단이 동원된다. 이렇게 현대건축에서 아트리움의 위치는 기능체계, 동선체계, 환경체계 면에서 내외부 공간의 중간 매개공간으로서 실내의 외부공간적 환경이 조성되어 도심환경에 기여하는 독특한 본연의 기능을 갖게 된다.

'아트리움 건축의 발전과 디자인(atrium buildings-development and design)'의 저자인 리차드 색슨은 아트리움 건축설계에 관하여 다음 사항을 강조하고 있다.

① 도시적 차원에서, 도시와 부지와의 맥락에서 가능하면 아트리움을 공공공간으로 생각하자.

② 기후 조건을 고려하자. 건물 외피와 내부공간 사이의 관계에서 외부기후로부터 받은 영향을 완화시켜 에너지 사용을 감소하자.
③ 동적인 공간이 되도록 하자. 사람들이 건물 안에서 다닐 때 감성적인 체험을 느끼며, 자연스럽게 위치와 방향을 알 수 있게 하자.
④ 안전의 관점에 유의하자.
⑤ 사회적으로 생각하자.
⑥ 공간 내부에 식물을 도입하자.
⑦ 문화와 기술적인 영향을 수용하자.
⑧ 지나치게 세련되게 마감하려 하지 말자. 아트리움이 지닌 놀이나 축제의 본질을 이해하지 못하는 설계자에 의해 아트리움이 만들어지기도 하기 때문에 무미건조하게 되는 경우도 있다.
⑨ 경제성을 두려워하지 말자. 훌륭한 아이디어를 지탱할 수 있게 함으로써 가장 효과가 큰 설계가 되도록 하자.

이상과 같이 아트리움의 기능과 설계개념의 상호작용을 통해 비로소 아트리움은 진지하게 고려할 만한 가치를 가지게 된다. 아트리움의 개념 도입이 모든 건축에 대한 만능적 요소는 아니지만, 위의 측면에서 볼 때 긍정적인 요소들을 통해 현대건축의 한 형태로서 다른 어느 것보다도 다양한 요구에 대해 보다 적절한 해결방안이 될 수 있다는 가능성을 제시한 것이라고 할 수 있다.

모든 유형의 건축물에 아트리움의 개념이 도입될 여지는 충분히 있으며, 훌륭하게 설계된 아트리움에는 시와 음악이 넘쳐 흐르고 극적인 연출로 인한 격정인 공간이 되기도 한다. 아트리움은 인간생활의 다양한 수요에 대한 좋은 해결책으로서, 오늘날 아트리움이 많은 사람들에게 받아들여지는 커다란 이유라고 말할 수 있다.

참고사항 : 아트리움의 에너지 및 초기 투자비 절감 효과

아트리움 설치의 조건 개념에 입각하여 생각해 볼 때, 실내공간을 덮고 있는 얇은 피막으로 인하여 외부의 가혹한 기후조건(기온, 열방사, 바람 및 비 등)이 사람들에게 직접 도달하지 않고 공간의 표면에서 확산되는 완충효과를 갖는다. 그러나 아트리움의 외피조직이 경량구체로 형성되어 있으므로 인접한 순수 실내공간과 비교해 볼 때 외기에 훨씬 민감하므로 완충지역인 아트리움 공간은 계절에 따른 적절한 일사량 조절장치와 자연환기장치 등을 설치할 필요가 있다.

단열 기준 설정의 경우, 아트리움은 될 수 있는 한 외부로 면하는 부분을 줄이고, 내부 표면을 많이 만들려는 데 있다. 유리 지붕모양의 입방체형 아트리움 건물에서 지붕단열이 벽에 비해 4배의 완충효과가 있으며, 벽 단열과 방수비용의 절감은 지붕에서의 단열비용 증가를 충분히 보충해준다.

건축 에너지 절감을 위해 몇몇 나라에서 주택 이외의 건축용도에 대한 벽의 단열기준을 설정하고 있으나, 이는 관리측면에서는 쉬운 수법이지만 디자인의 혁신이란 측면에서 볼 때 방해가 될 가능성이 있다. 영국의 건축 단열기준을 한 예로 보면, 완전히 난방된 실내공간과 부분적 혹은 전혀 난방되지 않고 폐쇄된 공간 사이를 격리하고 있는 벽의 경우, 그 벽은 규정된 단열 성능값을 충족시킬 필요가 없다. 따라서 유리로 덮인 아트리움이나 온실은 순수 실내공간과의 사이에 최소한의 벽만 있으면, 그 벽은 이미 단열 기준요건은 충족시킨 것으로 간주하고 있다. 따라서 아트리움과 순수 실내공간 사이의 벽은 별도의 단열기준 설정이 불필요하며, 이미 충족된 것으로 간주할 수 있다.

이렇게 아트리움은 완충적 공간에 대한 단열기준과 2중벽의 과투자를 지양함으로써 난방되지 않은 완충공간으로서의 경제적 효과를 얻어낼 수 있고, 단지 외기에 민감한 특성을 감안한 조절장치가 요구된다.

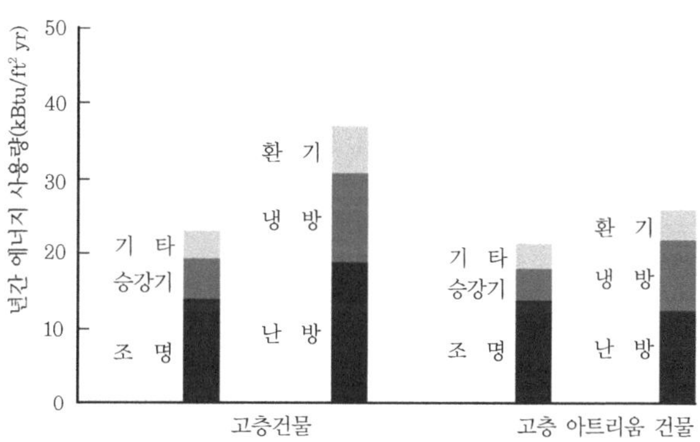

▶3.67 아트리움 건축과 일반 고층빌딩의 연간 에너지 사용량 비교

3.3.2 아트리움의 발전 패턴

(1) 아트리움의 역사적 이정표

19세기 초에서 말에 이르는 동안 산업혁명과 더불어 유리와 철강기술의 발전은 이전의 로마나 이슬람 건축의 조적조·목조의 한계로부터 벗어나 장엄하고 채광성이 좋은 경제적 실내공간으로 발전할 수 있게 된다.

아트리움의 개념은 20세기로 접어들면서 F.L.라이트의 라킨빌딩 이전의 기념비적 실내처리에서 좀더 자제하는 형태로 이어진다. 세계 1차대전 이후 북미에서 마천루의 등장으로 일단 끊어졌던 맥락이 1967년 존 포트만(John Portman)의 조지아주 애틀랜타의 리젠시-하얏트 호텔을 계기로 다시 새로운 각광을 받기 시작했다고 할 수 있다. F.L.라이트는 현대적 아트리움의 1세대 역할에 큰 비중을 차지했을 뿐만 아니라, 2세대 역할을 선도한 존 포트만에 영향을 주어 두 세대 사이에 가교역할을 했다. 존 포트만이 리젠시 하얏트 호텔을 완성시켰을 때 「아키텍추얼 리뷰(Architectural Review)」지는 '이 시절에 적합한 아이디어'라고 평하고, 아트리움이 다시 이용될 것을 인정했다.

현대 고층건축과 비교할 때, 아트리움은 시장이 형성되는 광장과 같은 활기찬 느낌을 갖게 한다는 데도 의의가 있다. 이렇게 포트만은 아트리움을 발명한 것이 아니라 아트리움을 소생시켜 팔릴 수 있게 한 것이며, 몇 개의 작은 흐름에 지나지 않았던 아이디어들을 묶어 하나의 주류로 발전시켰던 것이다.

(2) 아트리움의 발전 과정

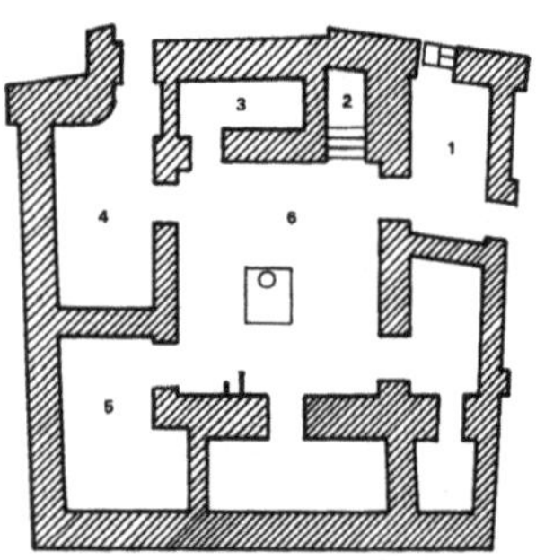

▲3.68 메소포타미아 우르지방의 중정이 있는 주거

① 로마와 이슬람 건축

옛 건축가들은 조적, 나무의 기술의 한계 속에서도 아트리움 중정을 만들었다.

② 그린하우스 출현

루돈(J. C. Loudon)이 1817년 그린하우스의 건설원리를 밝혔다. 그린하우스는 실내로 사입된 태양열이 쉽게 빠져나가지 못하는 현상을 이용한 것으로서, 아주 적은 난방비용으로 연중 사용할 수 있게 됨으로써 기존의 건축물에 온실로 부속되기에 이르렀다.

▲3.69 19c 초에 등장한 온실

③ 유리지붕 공간의 등장

루돈이 그린하우스의 건설원리를 밝힌 지 10년도 지나지 않아 유리지붕의 실내공간이 나타났으며, 세기 중간에는 보다 더 장대한 공간이 정원사와 철도기사에 의해 만들어졌다. 이는 건축가를 자극하여 기존의 건물에 유리 지붕을 덮도록 만들었다.

④ 아케이드의 번성

⑤ 아트리움 개념을 사무소 건축에 적용

⑥ 옥내형 쇼핑 몰의 등장

근대 아트리움이 이룩한 또 하나의 흐름은 옥내형 쇼핑 몰로서, 쇼핑 아케이드는 19세기의 거의 모든 도시에 퍼져 갔는데, A.N. 포메람세프가 설계한 모스크바의 GUM 백화점(1889~93년)은 그 장점이라고 할 수 있다.

상점가의 위를 덮는다는 생각은 1차 세계대전 이후 사라졌으며, 1950년대 미국에서 시작된 지역 쇼핑센터의 건설시점까지 잊혀져 있었다. 옥내형 몰의 형태는 새롭게 창조된 사회적 초점으로서 공공적 이벤트공간은 높이 평가되었고, 이후 건축에 빈번하게 적용되었다.

⑦ 지붕 달린 몰과 광장

각기 독립된 건축군은 1960년대 중반에 이르러 지붕이 달린 몰과 광장으로 발전한다.

▶3.70 Galleria Vittorio Emanuele의 유리지붕으로 덮힌 몰(좌)

▶3.71 클리브랜드 아케이드의 실내풍경(우)

참고사항 : 문화적 배경에 따른 아트리움에 대한 사고방식

아트리움의 건축적 역사는 문화적 배경에 의한 개념의 차이, 좀 더 나아가 동서양을 통해 근본적인 두 가지의 다른 사고방식에서 그 차이점을 알 수 있다.

1. 육식주의적 사고방식- 미래주의

낙천적인 진보 신앙, 고도 기술지향의 미래주의적 사고방식으로서, 말하자면 '육식주의적' 어프로치이다. 신기술이 이루어지자마자 채용되는 것은 '육식주의적' 열광의 현상으로 해석할 수 있고, 수정궁과 월 클라이머 엘리베이터는 모두 이러한 사고의 산물이다. 아이디어나 동기를 SF소설 또는 영화로부터 받아들이고, '진보'의 감각을 나타내려는 경향을 최근 아트리움 건축에서 많이 찾아볼 수 있다.

2. 초식주의적 사고방식- 보존주의

에너지 보존, 오래된 건축의 보전, 도시 디자인에 대한 배려, 역사 및 문화교류에 대한 인식, 성장하는 것을 사랑하는 마음 등으로 '초식주의적인' 사고방식이다. 에너지 절약 등 아트리움을 자연형 태양열 제어 시스템으로서 주의깊게 사용한다.

① 오래된 건축을 재생시키는 데 아트리움을 사용한다. 이로서 역사적으로 기념비적 의의를 지닌 건축이 그 가치가 재인식되고 개조되었다.
② 낡은 중정을 가진 건축을 아트리움 건축으로 개조한다.
③ 시장이나 공공광장을 아트리움으로 덮는다.

도시 디자이너는 보다 더 휴먼 스케일에 가까운 크기로 건축하는 경우와 사용하기 쉬운 보행자 통로를 도시에 만들 때 아트리움을 이용한다. 상점가 및 공공광장을 아트리움으로 덮으려는 아이디어는 1970년대의 이슬람 문화에 대한 관심이 높아지는 것과 일치되는 시점에 출현했다.

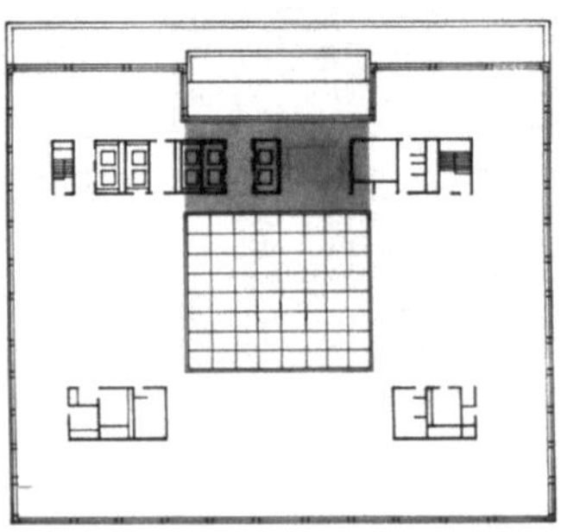

▶3.72 아트리움 도입에 의한 증축(좌)

▶3.73

아트리움 공간은 옛 것과 새 건물을 동시에 수용하는 공간형성이 가능하다.(우)

3.3.3 아트리움 건축의 개척자와 주요 건축물

① 프랭크 로이드 라이트(Frank Lloyd Wright)

F.L.라이트는 근대 아트리움 건축의 제1기부터 제2기까지 활동한 건축가로서, 어느 한 레벨에서 다른 레벨로 진입하는 공간의 유동성에 끊임없는 공간변화를 시도하였다.

[예 : 존슨 왁스 본사(1936)/V.C. 모리스 상점(1949)/구겐하임 미술관(1959)/마린군 문화센터(1966)]

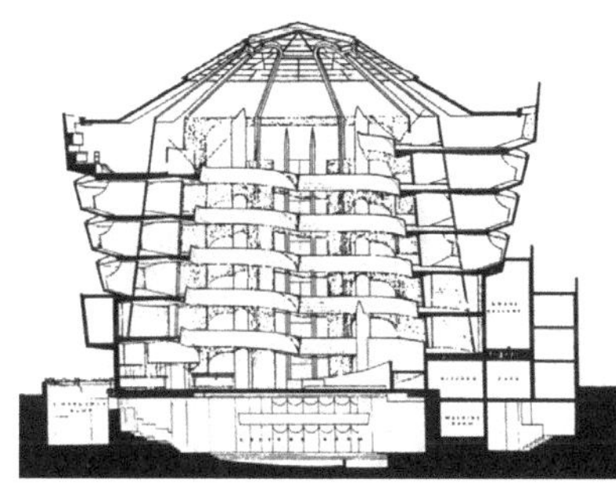

▶3.74 The Jonson Wax 본사 내부(좌)

▶3.75 구겐하임미술관의 아트리움 부분 단면도(우)

② 케빈 로치(Kevin Roche)의 포드재단 본부 빌딩(미국 뉴욕, 1967)

공간의 대부분을 12층 건물 L형의 안쪽으로 향하게 하고 있다. 외형의 경우, 계단 샤프트와 2개의 유리벽으로 거대한 정원을 덮고, 중앙에 천창을 형성하여 아트리움 공간을 풍부하게 하고 있다. 매력적인 입구를 가진 정원과 안쪽에 집무공간을 두었다는 것은 아트리움 공간의 발전과정에 있어서 하나의 기념비적인 일이라 할 수 있다.

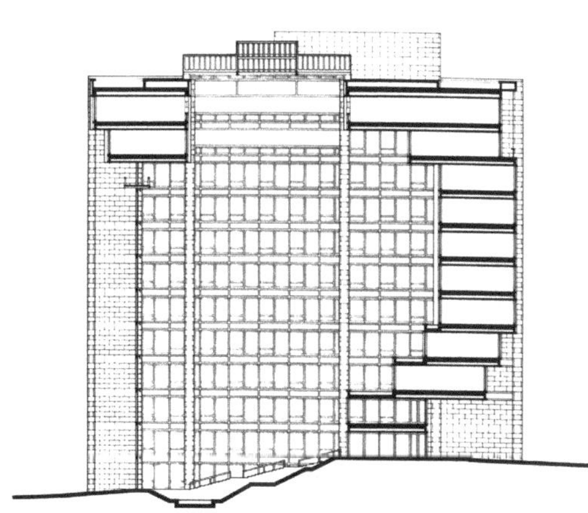

▶3.76 포드 재단 본부의 아트리움 관경과 단먼 (미국 뉴욕, 1967)

③ 아이엠 페이(I.M.Pei)의 미국 댈러스 시청사와 국립미술관 동관

▶3.77 댈러스 시청사의 외관 및 아트리움(미국, 댈러스, 1978)

▼3.78 국립미술관 동관(미국, 워싱턴, 1978)

④ 휴즈 스터빈(Hugh Stubbins)의 시티콥 센터(미국, 뉴욕, 1978)

뉴욕 맨해튼의 번잡한 거리 모퉁이에 위치한 이 시티콥 센터는 3부분 - 59층의 사무동, 7층의 상점가, 교회건축-으로 이루어져 있다. 이를 거대한 피어, 선큰 가든, 아트리움을 도입함으로써 도시맥락에 맞춰 공공의 옥내외 휴식처 제공, 지하철과의 원활한 연계를 가능케 하여 도시의 장소성을 만드는데 성공하였다.

▼3.79 시티콥 센터의 외관 및 단면(미국, 뉴욕, 1978)

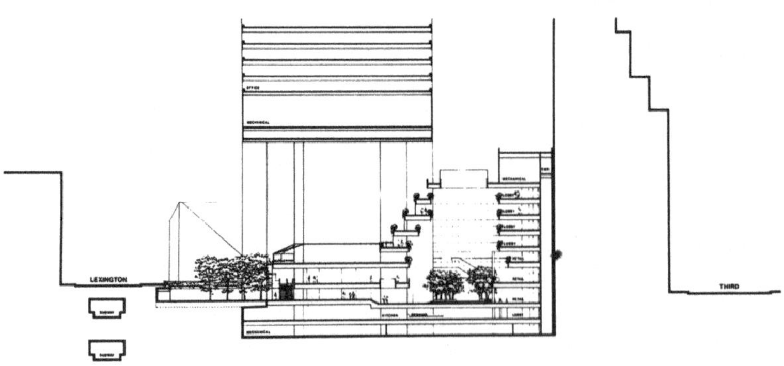

⑤ 존 포트만(John Portmann)의 리젠시 하얏트 호텔(미국, 샌프란시스코, 1974)

이들 개척자들 중에서 존 포트만이 아트리움 개념의 보급에 하나의 전기를 마련했다고 할 수 있다. 대중성에 대한 그의 날카로운 육감과 거기에 이어지는 상업적 성공이 아트리움 건축을 보다 더 많이 보급시키는데 크게 기여하였다.

포트만이 폭발하는 듯한 거대 아트리움 공간을 포함시키려고 생각하게 된 동기는 사람들을 끌어들여 기쁘게 해주려는 그의 소망에서 비롯된 것으로서, '무엇이 사람을 기쁘게 해주고, 무엇이 미국 도시에 결여되어 있는가'를 잘 알고 있었기 때문이다. 도시에는 소음과 먼지로부터 고통받지 않는 공공공간, 즉 푸르름과 물이 있으며, 사람들이 서로를 바라볼 수 있고, 편한 마음으로 사귈 수 있는 공간이 필요하다고 생각했던 것이다.

▲3.80 하얏트 호텔의 외관과 다이내믹한 실내 대공간(미국, 샌프란시스코, 1974)

⑥ 기타

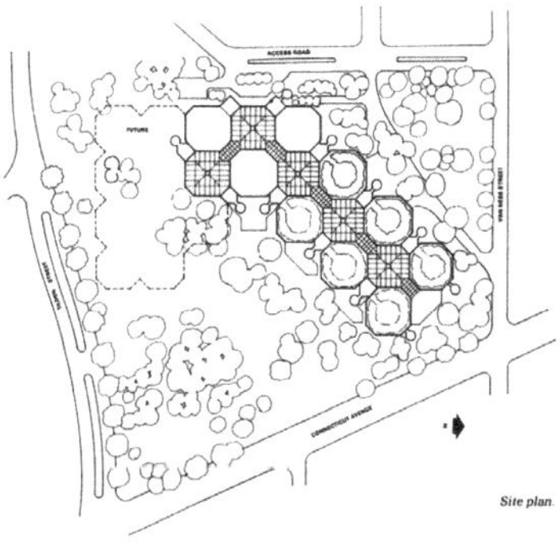

▶3.81 Intelsat 빌딩의 격자 모듈에 의한 배치도 및 외관 (J. 앤드류, 미국 워싱턴, 1985)

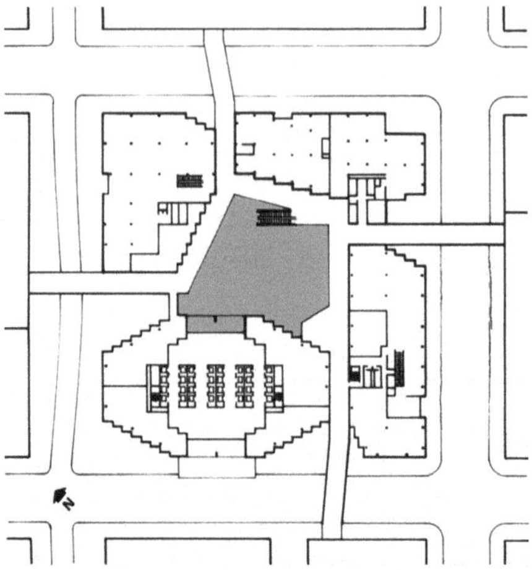

▶3.82 **IDS** 센터의 배치도와 외관
(미국 미네아폴리스, P. 존슨, 1973))

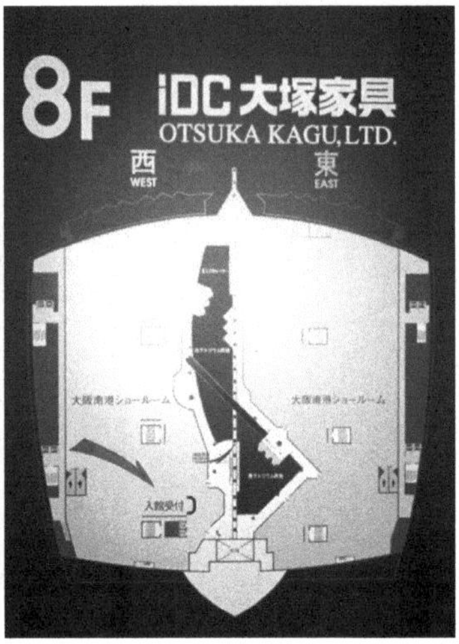

▶3.83

일본 고베시 ATC 빌딩의 아트리움은 비정형의 공간구조와 원색으로 도장된 골조 및 형태감이 천창으로부터 사입되는 직사광과 산란광에 의하여 공간감이 증폭되어 보인다.

참고사항 : 아트리움의 유형

① 코어 아트리움 : 건물 중심에 천창이 있는 중정 형식으로서, 4면을 가진 아트리움이어서 실내조망은 좋으나, 천창에 의한 햇빛 유입에 한계가 있다.

② 선형 아트리움 : 두 빌딩 블록 사이를 덮는 형태로서, 코어 아트리움보다 더 많은 채광을 받을 수 있으나 조망은 좋지 않다.

③ 열린 면을 가진 아트리움 : 외부로 향한 아트리움으로서, 태양과 조망에 매우 민감하다.

④ 다리형 아트리움 : 일반적으로 여러 빌딩들 사이에 생긴다. 아트리움 영역은 빌딩 사이의 순환역할을 담당하며, 오래된 건물의 개발에 새로운 차별화 작업으로도

사용된다.

⑤ 포디움(podium) 아트리움 : 타워형 디자인에 적용되며, 여러 타워들이 하나의 포디움을 공유한다.

⑥ 다중 아트리움 : 하나 이상의 아트리움이 포함되어 있는 형태로서, 각각이 완전히 독립된 개체이고, 순환요소를 갖는다.

⑦ 다중 수직 아트리움 : 각각의 아트리움을 빌딩에서 수직으로 처리한 경우이다.

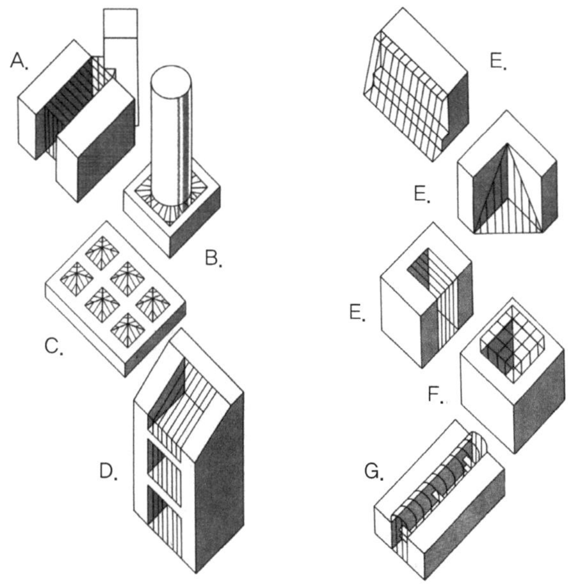

▶3.84 아트리움의 여러 가지 유형

A. 다리형 B. 포디움형 C. 다중형 D. 다중수직형 E. 열린 측면형 F. 코어형 G. 선형

3.3.4 아트리움 건축 사례

(1) Shell Oil회사의 Woodcreek 오피스 콤프렉스

건축의 목표는 회사 간부직원들에게 최적의 근무분위기 제공과 변덕스러운 기후에 잘 대응할 수 있는 에너지 절감형 건축의 실현에 있었다. 그리하여 공원같은 부지를 최대한 보존하면서 개실이 많이 요구되는 평면계획을 융통성, 독자성과 전체적 통일성, 자연에너지의 적절한 이용으로 건축계획을 진행하였다. 이러한 건축의 목표는 천창형 아트리움을 둔 중복도형식의 기밀한 삼각형의 건축형태로 귀착되었다.

삼각형의 건물형태 구성은 60% 가량이 외부전경을, 나머지 40% 가량은 실내 아트리움을 관망할 수 있도록 배려되었고, 이 결과 아트리움은 각 동의 구심점 역할을 하게 되었다. 자연 에너지의 효율적 이용을 위한 노력은 중앙부의 아트리움 형성 외에 자연광 조절시스템에서도 볼 수 있다.

즉 단위 사무실 단면도에서 보듯이 높은 천장고(3.6m)와 창문 외부에 설치된 루버 및 트랠리스, 그리고 광선반(HVAC 덕트와 취출구를 광선반으로 겸하여 사용토록 디자인)은 산란된 자연광을 실내 깊숙이 유입하고, 중복도에까지 전달되도록 세심한 설계로 진행되었다. 이러한 모든 계획은 에너지절감을 위한 초기 시설투자비와 에너지절감비의 경제성에 대한 검토를 기반으로 한 다음 추진된 사항이다.

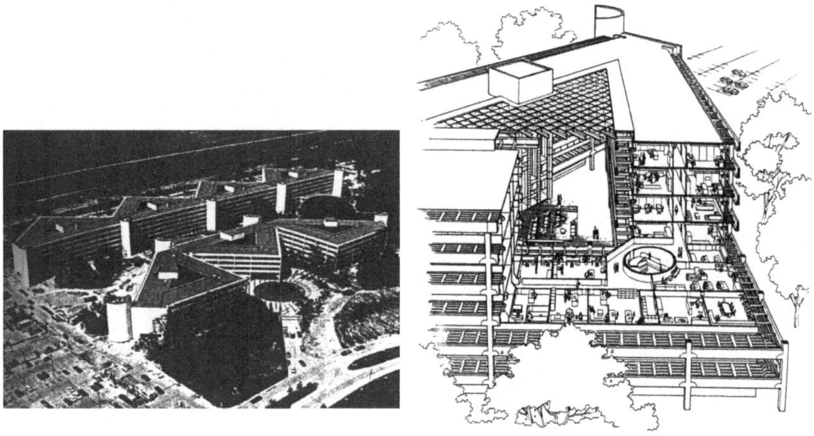

▶3.85 건물 전경과 단면 투시도

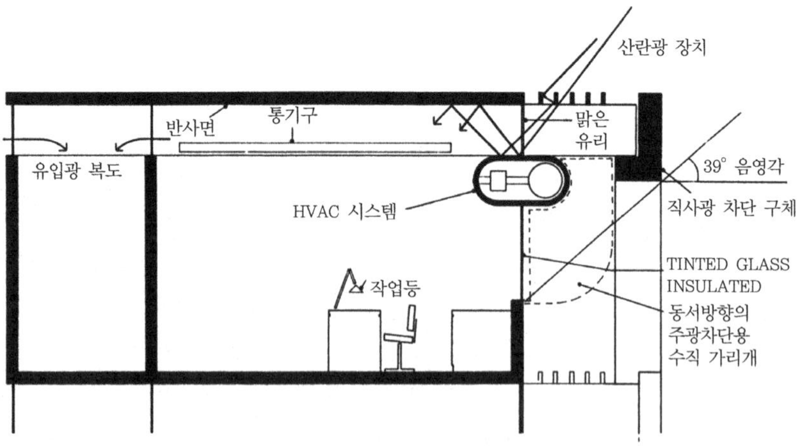

▶3.86

외벽의 자연광 조절장치, 공조장치가 광선반으로 사용되고 있다.

(2) Prinston Professional Park(미국 머셔필, Short & Foed, 1983)

건축계획은 상업건축물에 대한 DOE 에너지분석 프로그램에 의존하여 진행되었고, 이 과정에서 평면과 형태의 상관관계는 단층의 경우와 2층 건축물의 경우로 구분되어 전체 공사비와 에너지 비용 절감의 상관관계에서 검토되었다. 그 결과 단층의 아트리움 건축이 자연광, 환기, 냉난방 조절에서 가장 융통성 있는 적절한 건축으로 결론지어졌고, 건축의 폭은 중앙의 아트리움까지 약 13.5m의 깊이를 갖는 평면으로 형성되었다.

중앙의 아트리움은 자연광의 경우, 전동장치가 달린 조절커튼에 의하여 자연광의 유입이 조절되며, 실내 열환경의 경우, 공조조절장치, 상부의 자연환기구와 지층 바닥 하부의 록-베드에 의하여 그 효율을 높이도록 하였다. 무더운 여름철의 자연냉방은 15분 간격의 지붕살수장치와 실내 배기의 록-베드에 의한 1차 냉각 후 실내의 인입하는 2가지 방식이 도입되었다.

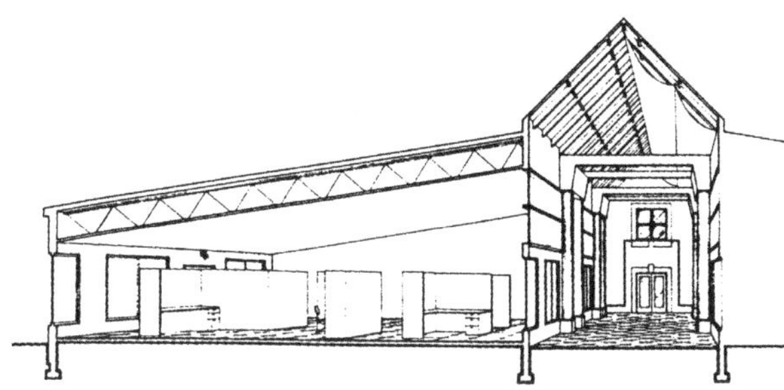

▶3.87 PPP 건물의 단면투시도

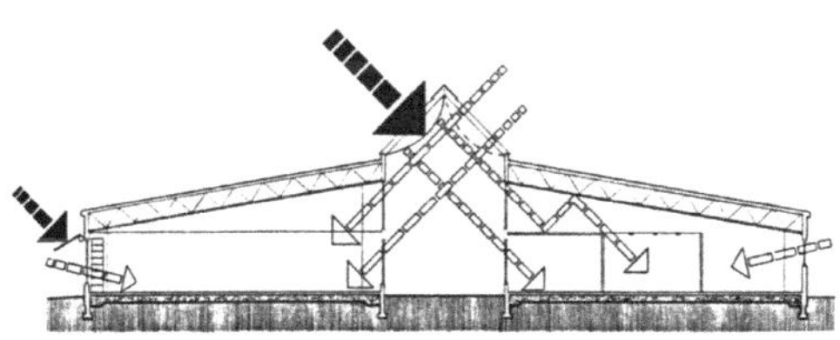

▲3.88 아트리움에 의한 자연채광 인입 개념도

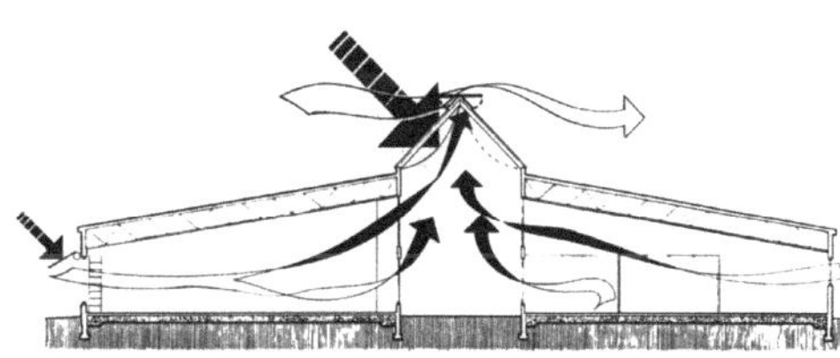

▲3.89 자연환기 개념도

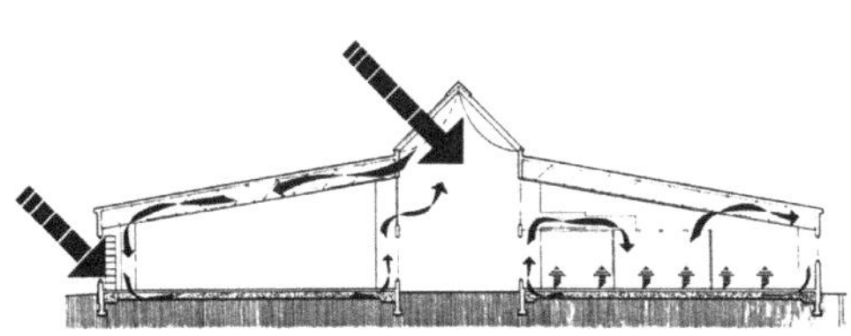

▲3.90 자연형 난방 개념도

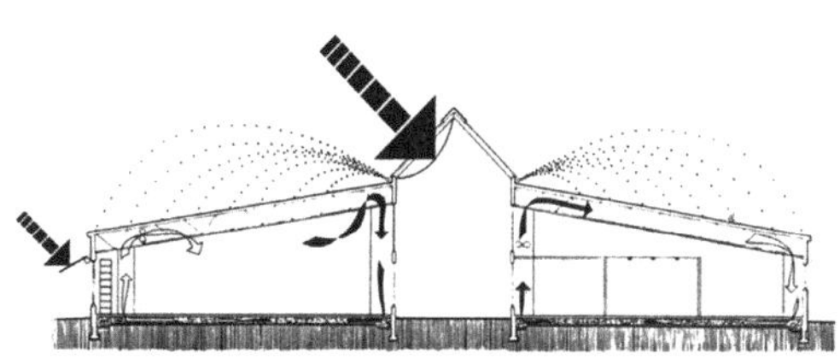

▲3.91 지붕살수 및 록-베드에 의한 냉방 개념도

(3) Gregory Bateson 빌딩(Sim Van der Ryn, 미국 세크라멘토, 1981)

이 건축은 계획단계에서부터 두 가지 목표, 즉 최적의 근무분위기 형성과 에너지절감을 목표로 진행되었고, 그 결과는 아트리움 도입에 의한 전체 건축계획을 통해 훌륭하게 성취할 수 있었다. 약 45m 사방의 4층 높이를 관통하는 거대한 아트리움 도입은 다음과 같은 효과를 가져왔다.

① 모두에게 열린 실내공간으로서 근무자의 라운지 역할을 담당

② 전체 실내공간에 대하여 상대적 위치감각을 부여하여 안정감을 주고, 또한 실내의 여러 동선의 원활한 움직임을 수용하여 활기를 부여하고 있다. 즉 아트리움의 열려진 공간으로 향한 계단, 승강입구 등과 복도 등은 아트리움 공간에 자연스러운 만남과 개방감으로 생기 있는 공간 분위기를 제공한다.

③ 아트리움은 실내 열 및 빛환경의 에너지절약 측면에서 중요한 역할을 수행한다. 남북측의 천창 및 측창을 통한 자연광은 각종 루버, 블라인드 및 쉐이드의 적절한 배치나 조절로 빌딩에너지를 감소시킨다. 또한 노출콘크리트의 구조체, 하부의 록-베드(rock bed) 등은 공기순환용 샤프트를 통해 잉여열의 재이용을 쉽게 하고 있다. 아트리움에 설치된 천재료의 튜브는 내부에 설치된 팬장치에 의하여 실내공기의 적체현상을 막아주는 순환장치 역할을 하고 있다.

④ 아트리움의 실내공간은 디자인 측면에서 밝고, 색채감을 부여하여 전체 분위기를 활기차게 배려했다. 붉은 벽돌의 바닥, 초록의 실내 조경수, 자연목의 가구와 악센트 색의 가미, 노란색의 실내공기 순환용 캔버스 튜브 등은 실내 시각환경을 생기와 쾌적감으로 유도하고 있다.

▼3.92 건물 단면도

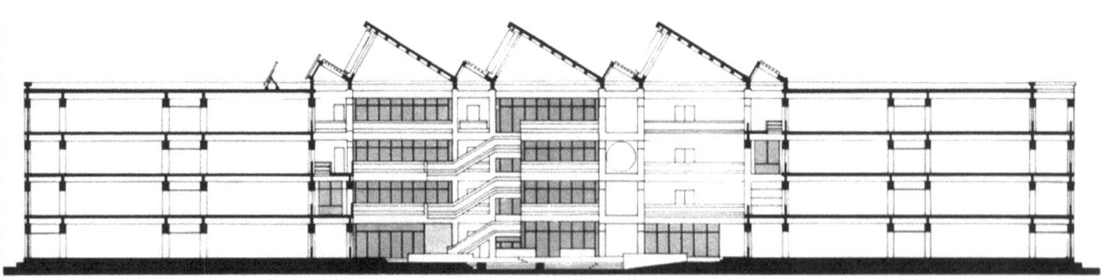

▲3.93 건물의 전경 및 중앙 아트리움 풍경

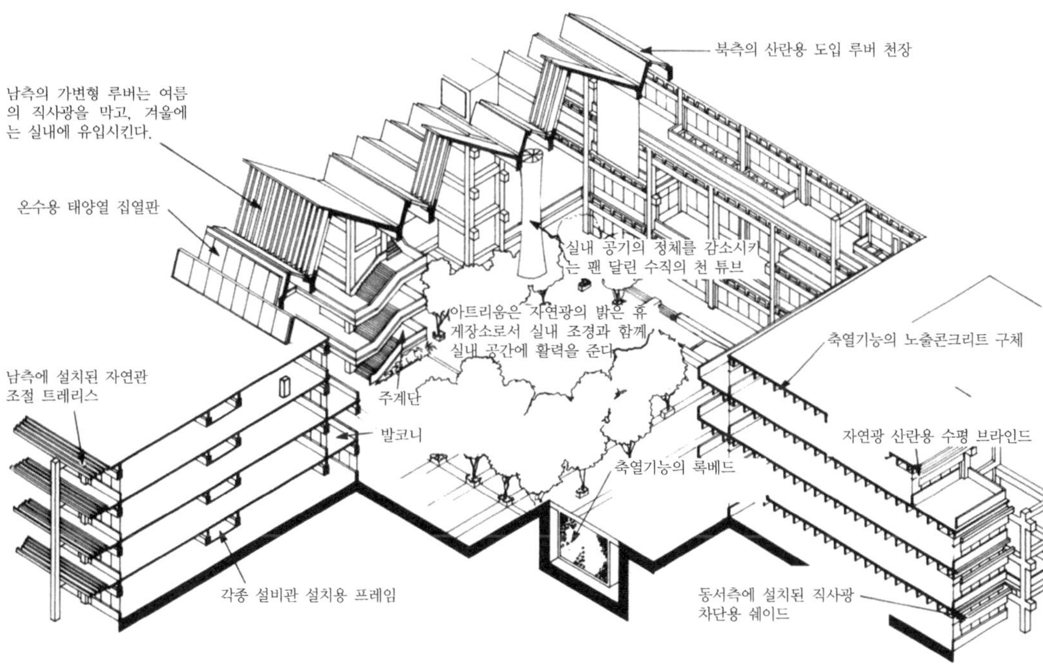

▲3.94 건물의 에너지 절감을 위한 빛 및 열환경 조절장치들

3.4 친환경건축 사례

3.4.1 주거단지 계획

(1) 독일 프라이부르크 생태주거단지

▶3.95 프라이부르크 단지 전경

독일 프라이부르크시 외곽에 위치한 인구 20만 명, 면적 약 10만 평의 생태주거단지로서, 지형적으로는 라인강이 가까이 흐르며, 슈바르츠발트의 서쪽 기슭에 해당한다. 관광 및 각종 회의장으로 유명하며, 와인과 목재 거래의 중심지이다. 생태주거단지 조성을 위한 친환경적 계획 요소와 그 내용은 다음과 같다.

① 자연에너지를 활용한 건축

- 온실 이용 채열, 축열

겨울철에는 온실을 이용한 태양열 시스템의 채열·축열을 이용하며, 여름에는 창문을 개방하여 테라스로 이용한다. 온실과 연결된 옥외 테라스를 두어 2층 부분의 접지성을 높이고 옥외 식사, 휴식 등을 통한 자연친화를 도모하고 있다.

- 태양열 집열판 및 솔라셀을 이용한 냉난방

남측 옥상 위에 태양전지 패널을 설치하여 솔라 에어콘의 동력용 전원으로 이용한다. 지붕 위에 솔라-콜렉터를 설치하고, 겨울에는 급탕, 바닥난방으로 여름에는 급탕용의 보조열원으로 이용한다. 또한 고기밀, 고단열 구법과 태양열 이용의 바닥복사난방을 조화시켜 동계의 에너지 절약을 꾀함과 동시에 거실의 탁 트인 큰 공간에 쾌적한 실내환경을 제공한다.

- 자연광 도입

건물 중앙부에 설치된 천창을 통하여 풍부한 자연광을 실내에 유입한다.

- 풍루를 이용한 자연환기

바람의 탑인 풍루를 만들어 여름에 1층 마루와 실내공기의 온도압력차에 의한 중력환기를 하며, 가능한 한 기계설비에 의존하지 않고 건강하고 쾌적한 환경을 조성한다.

▲3.96 프라이부르크 단지 전경

건물 외관에서 자연에너지를 활용하기 위한 온실, 발코니, 천창, 집열판 등을 볼 수 있다.

② 건축재료적 측면

- 고단열 및 고기밀의 외벽 처리

  건물 외피에 해당하는 벽, 지붕과 창문의 단열, 기밀성능을 높이는 구법과 부재를 채용함.

- 건강한 자재의 사용

  인체에 해를 끼치는 발암성, 휘발성, 방사성이 있는 건축자재를 피하고, 내부마감에는 회반죽이나 천연자재를 이용하여 그 자연적 습도조절 기능에 의한 건강한 실내공간을 조성.

③ 물순환 시스템

- 외부 공간은 투수성을 목적으로 자연적 지면을 최대한 확보하거나 우수를 땅속으로 스며들게 하여 지하수의 함양과 하수도에 의한

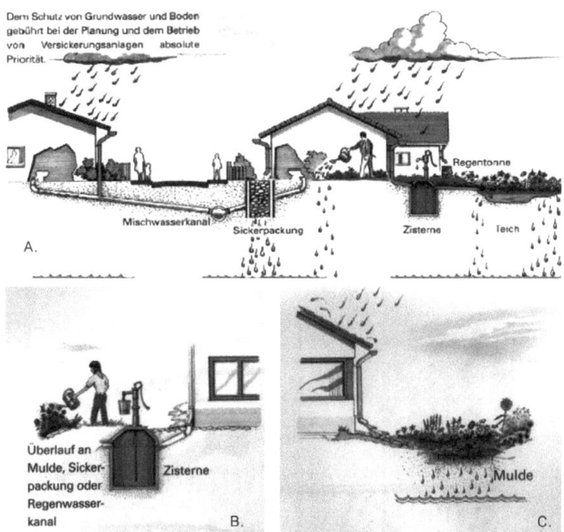

▶3.97 홍보책자에 소개된 있는 생태마을 우수처리체계 설명도

▲3.98

통행을 위한 최소한의 면적을 제외하고는 잔디식재를 함으로써 자연적인 물순환을 도모하고 있다.

▲3.99

우수는 천연석으로 설치된 보도에 자연 침수되도록 하고 있다.

우수처리의 부하감량을 꾀한다.

- 우수 이용

지붕면에 내리는 우수를 저수구에 받아 화초 및 잔디에 뿌리거나 화장용수로 사용.

- 단지내 실개천 조성

▲3.100 단지 내의 실개천

단지를 순환하는 자연형태의 실개천은 단지의 미시기후 조절과 쾌적성을 증가시키고, 실개천과 연계한 녹지는 수생식물과 생물들의 서식처와 배후지 역할을 하도록 조성했다. 또한 실개천이 단순히 물이 흘러가는 공간이 아니라, 물이 머무를 수 있도록 월류보를 조성함으로써 생태환경의 향상은 물론 어린 아이들이 물장난을 할 수 있는 자연스러운 휴게공간의 기능도 수행할 수 있도록 고려함.

▲3.101 지붕녹화와 벽면 녹화

④ 녹화 시스템

- 지붕 및 벽면녹화

지붕 및 벽면녹화를 통하여 단열성능의 향상, 보수성이나 발산작용으로 인한 부하를 낮추어 냉난방비 절감, 열섬효과 방지, 미세기후 조절과 함께 경관 및 생물 서식공간 조성효과를 얻고 있다. 관목, 지피, 만경류를 시설구조물 또는 담장에 연결하여 식재함으로써 주거단지 자체가 숲으로 에워싸이는 듯한 효과를 얻는다.

- 조경수를 이용한 열부하 저감

건물의 남서측에 낙엽수를 심어 여름철의 냉방부하를 줄이고, 겨울엔 반대로 일사취득을 꾀한다.

⑤ 생태연못의 설치

생태연못은 습지의 한 유형으로 도시화와 산업화 등으로 훼손되거나 사라진 자연습지를 대신하여 다양한 종들이 서식할 수 있도록 조성된 인공습지의 유형 가운데 하나이다.

▲3.102 생태연못 풍경

또한 우수침투, 중수, 우수의 단지내 저장 및 물의 정화 등의 효과가 있다. 따라서 빗물을 저장하는 우수 저류기능을 갖는 생태연못의 조성은 홍수 예방효과가 있다. 또한 생태연못의 수분 증발에 의한 기화열은 여름철 주변지역 기온의 지나친 상승을 막고, 겨울철에는 얼음의 잠열로 주변기온의 하강을 방지하는 효과를 갖고 있다.

(2) 호주 크리스탈 워터스 생태마을(Crystal Waters Eco-Village)

제노아에 소속된 크리스탈 워터스 생태마을은 1989년에 설립되어 세계적으로 대표할 만한 생태공동체이다. 이 마을은 호주 퀸즐랜드주 동북부 해안선 가까이에 위치해 있으며, 퍼머컬처(Permaculture)라는 개념에서 세워졌다.

퍼머컬처는 Permanent와 Culture, 또는 Agriculture의 합성어로서 지속가능한 문화와 농업을 의미하며, 자연에 대항하기 보다는 자연과 함께 작용하는 단일 생산체계로서 다루지 않고, 식물과 동물들을 모든 그들의 기능에서 바라보는 것이다. 퍼머컬처의 원리를 기본으로 미래의 지속가능한 주거단지 설계의 길잡이를 제시하고 있으므로 크리스탈 워터스의 퍼머컬처 디자인은 생태마을 발전에 대한 하나의 교본이 되었다.

1) 계획의 특징

① 주거지역을 군집화

이웃 간의 교류를 위해 83개 주거지역의 레이아웃이 군집된 형태로 배치되었다.

② 생태학적인 건물계획

거주자는 자신의 집을 설계할 때, 생태건축이 되도록 권유되었다. 대부분의 건축재료는 재료의 생산지(이 지역에서 생산된 목재를 권장)가 고려되었으며, 유해물질이 발생할 가능성이 있는 재료(플라스틱과 혼합목재)의 사용을 피했다. 대지 및 건물의 배치계획은 자연형 태양열 이용의 가능성을 극대화하도록 하였다.

③ 사회적 활동을 활발하게 해주는 장소의 마련

'커뮤니티 센터(Community Center)'와 '공동주방'에서 지역구성원들

간의 정보를 교환한다. 커뮤니티 센터에서는 이 지역으로 온 편지의 관리와 재활용 물품을 보관하며, 공동주방에서는 금요일과 일요일, 두 차례에 걸쳐서 정기모임을 갖는다.

④ 수질

댐과 인근의 작은 내의 수질은 정기적인 수질검사를 통하여 항상 기준치를 유지하고 있다.

⑤ 'Green'기술의 개발

이곳은 'Green'기술과 관련된 훌륭한 장소로서, 타지역에서 더 넓은 지역공동체에 도입되려 할 때, 그 전에 새로운 시스템은 이곳에서 검증·개발되었다. 특히 이곳의 중수처리기술은 그 업적을 인정받고 있다.

2) 친환경적 계획요소

① 건축재료

건물재료는 목재, 짚, 다져진 토양, 대나무, 진흙벽돌 등의 자연재료를 사용했다. 집들은 북쪽을 향하도록 하며, 대부분 단열·보온효과가 뛰어나 별도의 단열재가 필요 없는 흙지붕과 흙바닥으로 시공되어 냉난방의 효과를 볼 수 있다. 나머지의 건물재료도 대부분 흙벽돌이거나 목재이다.

▶3.103

대부분의 건축재료는 목재, 흙 등의 자연재료를 이용하고 있다.

② 태양에너지의 이용

이곳의 에너지소비 중 약 95%는 태양에너지를 이용하고 있다. 솔라패널과 축전지, 변압기 등을 설치하지만 태양에너지만으로 부족한 경우에는 난로와 취사용 프로판가스를 보조적으로 사용한다. 골짜기에 설치되어 있는 기존의 메인 전기-그리드에 접근을 쉽게 하여 건축가는 모든 주거에 독립적인 태양전력 시스템(stand-alone photovoltaic power system)을 설치하기보다는 이 전기원을 사용하도록 계획하였다. 만일 계속되는 흐린 날에 대비하여 디젤 또는 연료발전기에 의존하도록 하였다.

③ 급수시설

이곳에는 상하수도 시설이 없으며, 단지 안의 각 가정에는 보통 2개의 커다란 물탱크가 있다. 하나는 지붕에서 내려오는 빗물받이용이고, 다른 하나는 계곡물을 받은 탱크이다. 빗물을 상수원으로 사용하기 때문에 집집마다 지붕 빗물용 홈통을 설치하고, 이를 물탱크에 모아 두었다가 식수로 사용한다.

▲3.104 우수 및 계곡물 저장탱크

▲3.105 지중댐에 의한 저수지 모습

④ 물 및 댐의 이용

가장 저렴한 물의 저장방법인 흙으로 된 지중 댐(earth dam)으로 저수지를 마련하고 있다. 이러한 저수지는 단지 주민에게 여러 혜택이 가도록 물 및 댐의 이용을 도모하는 것 외에 야생동물의 자연스러운 접근과 서식이 가능하도록 단지조성 초기단계에 계획되었다.

참고 : 다목적 댐이 가져다 주는 혜택

다량의 물을 저장할 수 있으며, 식용 물고기의 번식, 수생식물의 번식, 낚시, 수영, 조정, 요트 타기 등의 레크리에이션 제공, 조망효과, 온화한 기후 형성, 꽃 생산 등으로 거주자들에게 여러 이로움을 제공한다.

⑤ 폐기물(하수와 오폐수, 종이와 음식물 쓰레기)

하수와 오폐수는 물론 각종 종이와 음식물 쓰레기 등은 이곳에서 Composite Toilet이라는 곳에서 처리된다. 호주산 지렁이의 일종인 '버름'을 통해 1차 분해되고, 박테리아를 통해 2차 분해된 뒤, 맨 아래의 모래층를 거치는데, 이 과정에서 최종 나온 물은 파이프를 통해 별도의 탱크에 저장해 두었다가 밭작물에 뿌리고, 남아 있는 썩은 찌꺼기는 퇴비로 활용한다. 정화조에는 환풍기를 별도로 달아 집안으로 냄새가 들어오지 않도록 하고 있다.

▶3.106 Composite Toilet과 재활용을 위한 탱크시설

⑥ 중수처리 시스템 : 매크로피터스(macrophytes)의 사용

▲3.107 대지 위에 설치된 매크로피터스 모습

박스 안에 있는 필터시스템은 10mm의 자갈과 표토를 연속된 사선의 띠모양으로 구성한 것이다. 각 띠의 두께는 약 200~250mm로 되어 있고, 박스의 가장 위 부분에서 25~50mm이 되는 높이에서 바닥까지 자갈과 표토가 채워져 있다. 첫 번째 띠는 자갈로 되어 있다. 중수는 이 띠를 통하여 여과되고, 여과된 물은 식물의 성장을 위해 사용된다. 이러한 중수처리방법은 펌프가 필요 없는 중력식 시스템으로서 대지 위에 쉽게 설치할 수 있는 저비용 장치이며, 또한 유지보수가 쉽다.

(3) 일본의 환경공생주택 NEXT 21

▶3.108

넥스트 21은 에너지 절약, 환경보존을 주제로 하는 실험집합주택으로 일본이 추진하고 있는 각종 에너지 절약, 환경공생주택 등의 시책에 따라 여유 있는 생활과 에너지 절약, 환경보존을 실현하고자 한 사례이다.

① 태양열 활용 시스템

- 액티브 솔라시스템 : 태양열을 이용한 자연공조 선룸을 도입하여 축열이나 난방으로 이용하며, 30%의 에너지 절약, 20%의 이산화탄소 발생을 억제하는 효과가 있다.
- 패시브 솔라시스템 : 가든-하우스의 서남쪽 상부에 환기구를 설치하여 겨울에 열기를 아래층으로 유도함으로써 패시브형 바닥난방의 역할과 여름에는 열기를 외부로 신속하게 배출함으로써 실내의 온도를 조절한다.

② 건축계획 시스템(지속가능한 건물계획)

수명이 짧은 설비배관을 구체와는 별도로 설치하여, 보수하기 쉽도록 하였다. 동시에 주호 내에서도 바닥과 천장을 이용한 배관공간 및 압송배수펌프의 이용으로 어떤 장소에서든 급배수 설비를 배치 할 수 있도록 플렉시블 배관시스템을 실현하고 있다. 유닛의 조합, 가변성이 높은 배관설비로 가족구성의 변화 등에 따라 효과적으로 개선할 수 있도록 하였다.

③ 건축재료 시스템(고기밀, 고단열 자재 및 부품의 사용)

열과 공기의 출입을 가능한 한 억제하기 위해 환기횟수가 1시간당 0.05회의 기밀화를 도모(보통은 1시간당 1.5회)하였고, 블라인드가 내장된 복층유리를 사용하여 온도차가 적은 실내환경을 유지한다.

④ 건축설비 시스템(절수형 설비기기 사용)

밸브의 개폐를 전기로 제어한 터치조작의 전자수전을 사용함.

⑤ 쓰레기 및 오수처리시스템

쓰레기의 경우 자연분해 가능한 자가처리로서, 가정 내의 쓰레기를 건물 내부에서 처리하는 시스템을 채택하였고, 오수처리의 경우는 촉매를 이용한 오수처리시설인 아쿠아 루프시스템을 이용하여 발생한 오수를 단지 내에서 처리하였다.

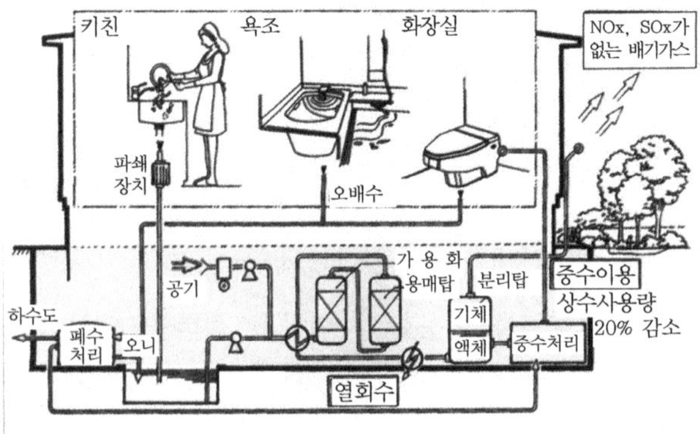

아쿠아루프 시스템

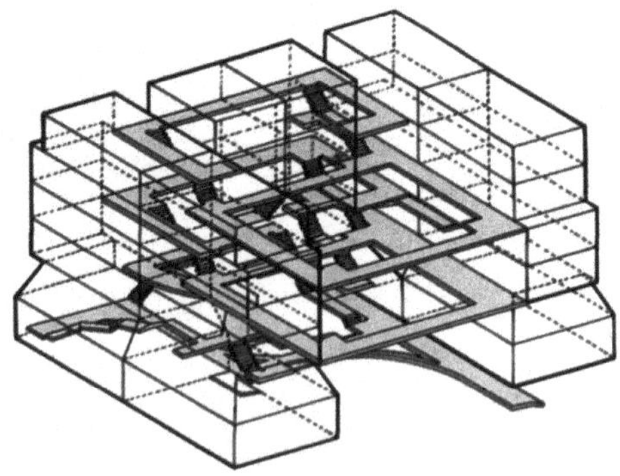

입체가로 이미지

▲3.109 아쿠아루프 시스템도(좌)와 입체가로 이미지도

▼3.100 거리에서 본 넥스트 21의 전경.

전체적으로 입체화된 녹화시스템은 식물과 곤충, 소동물의 서식지로서 도시 속에서의 가능성을 보여준다.

⑥ 녹화 시스템

- 실내녹화 : 옥외와 옥내에 연속적으로 초목을 심어 겨울에는 냉기를 막고, 여름에는 햇빛을 막는 동시에 나무그늘의 청량함을 실내공간으로 끌어들인다.
- 생태녹화 : 경계부분의 생울타리 조성, 대기 정화수 식재, 야생동물, 곤충 유인수를 식재
  - 열부하를 고려한 식재 : 총 녹지면적을 1,012m², 식물은 12종, 9,600그루로 조성되어 있고, 일사에 대한 차폐효과, 수분증발에 따른 잠열제거 등 에너지 절약적 측면에도 효과적이다.
  - 베란다 녹화 : 꽃의 회랑이라고 불리는 2층에서 6층까지 녹화된 테라스 조성.
  - 옥상녹화 : 옥상정원에 다양한 자생수종을 식재하고, 지반조성에 인공토양을 사용.

⑦ 바이오톱 시스템

- 연못조성 및 경계부 처리 : 부지의 남측 경사지를 따라 흐르는 수

로를 중심으로 실개천의 중간에 작은 연못을 구성하여 수생식물이나 수생곤충이 서식할 수 있도록 함.

- 곤충 및 작은 동물의 서식처 조성 : 옥상에 조성된 정원은 인공토양을 사용하고, 초화류를 식재하여 나비와 곤충의 번식장소로 계획되었고, 인공 새둥지를 조성하여 조류의 서식처로 제공됨.

3.4.2 오피스 및 기타 건축물

(1) 독일 프랑크푸르트 상업은행 본사(Norman Foster, 1997)

독일 프랑크푸르트에 위치한 규모 85,000m^{2}의 상업은행 본사 건물은 1991년 노먼 포스터가 현상설계에 당선되어 건립되었으며, 설계의 기본지침으로서 '생태학적 기반 위에 에너지, 경제성, 건설 가능성, 미래의 건축이미지를 표현함'으로 정했다. 이 건물은 친환경적 건축이 도심의 고층건물에 나타날 수 있는 가능성을 보여준 훌륭한 예로서, 미래의 정보화, 친환경화 사회에서 요구되는 미래건축의 본보기라 할 수 있다.

▲3.111 건축 전경(좌)

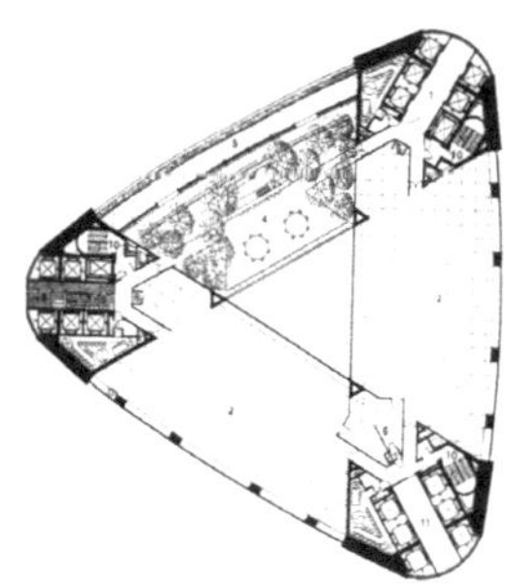

▲3.112 기준층 평면과 아트리움 전경(우)

1) 기본개념

① 아트리움 중심의 삼각형 매스를 기본으로 자연광, 자연통풍을 확보

② 아트리움을 통한 사용자의 사회적 접촉을 활성화하여 공동체 의식

의 회복

2) 계획의 특징

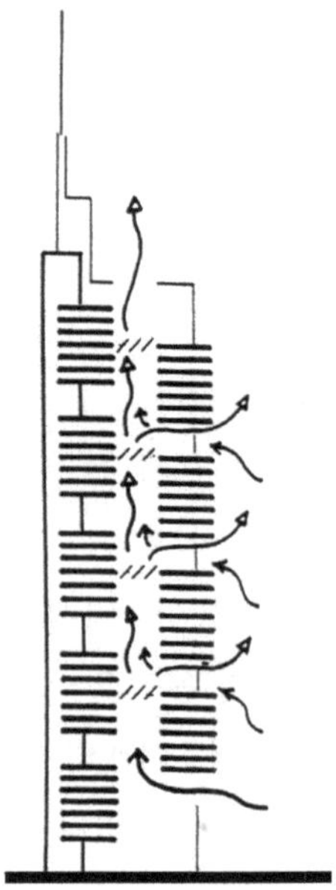

▲3.113 주단면과 환기개념

① 평면의 특징

- 중앙 아트리움 공간 : 자연에너지(자연통풍과 자연채광)의 원활한 이용
- 높이 14m의 하늘정원(총 9개로, 삼각형의 각 변을 나선구조처럼 휘감는 형태-따라서 모든 실내에서 각각 3개의 실내정원을 감상할 수 있음. 삼각형의 코너에는 코어 설치)
- 실내정원의 적층방식이 12층을 한 단위로 삼고 있음. 이는 굴뚝현상에 의한 실내 풍속 증가의 임계높이이며, 또한 12층 단위로 마을을 구성하여 공동체 의식을 형성시키고 있음.

② 단면 개념

사용자에 의한 자연통풍 조절시스템+자연채광+실내정원 -> 커뮤니티 형성

③ 외창 구조

2개의 유리 레이어(BMS에 의한 빌딩 통제로 에너지 효율을 최적화)

- 외부 : 오픈 가능한 구조와 표면차양시설 -> 에너지 조절과 자연환기 유도
- 내부 : 자동 경사조절 시스템 -> 적합한 환기와 실내기후환경 제공

④ 빌딩 설비시스템

기본적인 자연 순환법칙을 최첨단 기술과 설비를 위한 기본개념으로 도입하여 도시생태건축으로 모델화.

- 난방 : 대류식 난방시스템 적용.
- 냉방 : 흡수냉각기에 흡수된 열은 옥상 냉각탑에서 흡수, 응축된 물은 화장실 물로 재사용.
- 조명 : 자연채광을 기본으로 하고, 센서에 의한 인공광 자동조절시스템 적용.
- 기타 : 화재경보, 방범, 통신시설, 회의실 장비시스템 등의 지능화 시스템 적용.

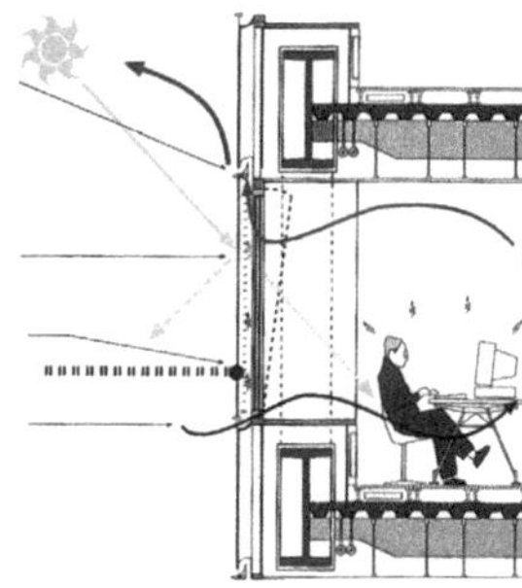

▶3.114 단위공간에 대한 자연환기 개념

(2) 독일 드레센의 BGW 지역 행정빌딩

이 빌딩은 드레센의 옛 도심 가까이에 위치하며, 주변은 아름다운 공공공원으로 둘러 싸여 있다. BGW는 38만 개 이상의 회원회사 종업원의 사고에 대한 처리와 방지를 관리하는 공식기구로서, 의료·직업·사회재활을 돌보고 있다.

드레센에 위치한 이 지역 사무실로 하여금 BGW는 미래건축의 예를 구축하기를 원했다. '인간공학적으로 건전하고 건강한 사무실뿐만 아니라, 친환경적이며 생태학적'인 면을 생각한 건축이 BGW와 Tubingen의 건축가 Dieter Schempp의 공통된 주요 생각이었다.

▲3.115 드레센 오피스의 남측(좌) 및 북측 외관(우)

① 녹색의 태양열 건축(Green Solar Architecture) 개념

독일은 쾌적한 실내환경을 위해 자연에너지를 이용하고 있으며, 이는 총 에너지소비량의 40%에 해당한다. 또한 실내 공기중의 CO_2 및 유해가스량은 증가하며, 실내 거주자에게 건강상의 문제가 될 수도 있다. 이러한 문제 등을 개선하기 위해 Green Solar Architecture 개념을 강화

하고 있다.

이 건축은 건물의 외피구조 설계를 활용하여 태양 에너지를 이용할 수 있다는 점에 착안했다. 빌딩 남쪽의 전면 유리면과 남쪽으로 열려 있는 동그란 지붕을 통해 태양에너지를 적극 받아들이고 있다. 또한 열손실을 줄이고, 에너지를 절약하기 위해 기밀성 확보와 높은 단열성으로 구축되었다.

BGW의 Dresden 사무실의 계획에 대한 목표는 '태양에너지를 이용하여 경제적이고 생태학적인 빌딩을 디자인하는 것' 외에도 중요한 것은 '인간공학적이고 건강한 사무실의 형성'이다. 예를 들어, 빌딩과 내부의 재료, 색상, 빛, 음향효과, 조명, 미적인 면, 온도, 냄새 등이 이러한 인간적 요구에 대응할 수 있도록 노력했다.

건물 내부환경의 질은 식물과 신중한 재료선택으로 증가시켰다. 복도공간의 단풍나무 마루재, 사무실의 양탄자, 하얀색의 플라스터 천장 등이 그것이다. 또한 내부의 쾌적한 공기와 좋은 실내기후를 유지하기 위해 아열대 식물에 의한 실내조경을 적극 도입하였다. 실내의 식물은 신선한 산소의 생산 외에 먼지와 해로운 입자들을 묶고, 발산작용으로 방안에 균형잡힌 기후를 공급하며, 여름에는 그늘을 제공한다. 또한 식물의 형태와 고유의 냄새는 실내에 계절마다 색다른 인상을 줌으로써 좋은 분위기를 만들어낸다. 이러한 실내의 식물들은 화장실에서 사용한 물을 정수하여 스프레이 시스템에 의하여 급수된다.

사무실의 내부공간은 식물공간인 아트리움을 향해 열려져 외부 전망을 확보하고 있으며, 이렇게 개방형 공간은 융통성 있는 실내공간의 형성과 함께 고른 실내기후를 가능케 한다. 각 사무공간 앞의 블라인드 셔터는 빛의 양 조절과 업무집중화를 위해 차단장치가 가능하도록 되어 있다.

② 건축기술과 에너지 개념

자연에너지인 태양열을 이용한 건축설계는 건물의 냉난방 에너지를 절약하고, 쾌적한 주거환경을 제공하고 있다. 동시에 태양광에 의한 전력공급의 좋은 사례가 된다.

태양에너지의 효율적 취득을 위해 남측 전면과 동서측에 0.7W/qmK의 특수유리와 0.3W/qmK의 고단열재료가 외벽에 사용되었다. 이러한 유리는 실내에 인입된 빛을 열로 전환한다. 또한 남측의 전면 유리벽에는 5KW 태양광전지가 설치되어 있어서 태양에너지를 전기로 바꾸고, 빌딩의 에너지 요구량을 감소시킨다. 환기의 경우 여름철에는 이 건물은 남쪽과 서쪽에 위치한 큰 환풍장치에 의해 환기되도록 함으로써 특별히 냉방장치가 필요하지 않도록 했다.

▶3.116

아트리움에 의한 실내 오픈공간은 식재와 함께 밝은 공용공간을 형성하고 있다.

(3) 독일 뮌헨의 MPG연구소 지원 사무소

독일 뮌헨시 중심부에 위치한 MPG연구소 지원사무소 용도로 쓰이는 이 건물은 두 개의 'ㄷ'자의 중첩된 평면으로 구성되어 있고, 그 사이 공간은 아트리움의 내부공간으로 구성되어 복도 및 계단 등의 공용공간으로 사용된다. 또한 건물의 전체 형태도 개방된 'ㄷ' 형태를 이루고 있다. 건물 외관의 경우, 이중외피구조의 유리벽으로 구성되어 이 이중외피의 사이 공간은 화재시 피난통로로 이용이 가능하도록 계획되어 있다. 자연에너지 이용을 위한 주요시스템은 다음과 같다.

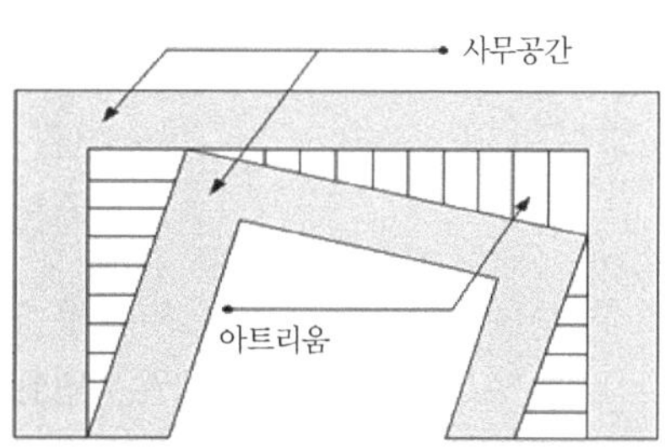

▶3.117 MGM 연구소 외부 전경과 평면구조

'ㄷ' 형태의 겹침에 의하여 생긴 사이 공간이 아트리움을 자연스럽게 형성시키고, 이중외피와 함께 자연에너지를 적극 활용하도록 계획되었다.

▲3.118 아트리움 전경과 이중외피

① 이중외피 시스템

외부면은 모두 이중외피로 구성되어 있어 주변의 소음차단과 계절별 냉난방 부하를 줄이고 있다. 즉 각 층의 중간높이와 상부에 각각 자연환기를 위한 수평 개구부와 틸트형 창을 설치하여 여름철과 겨울철에 이중외피의 사이 공기를 배출 혹은 실내로 유입시켜 냉난방부하를 감소시킨다.

② 자연채광 및 일사조절

사이공간인 아트리움 상부에 설치된 천창을 통해 자연채광을 유입하고 있다. 일사조절의 경우, 일차적으로 각 층의 이중외피 바닥판이 차양역할을 담당하여 이차적으로 이중외피구조의 바깥 유리 안쪽에 설치된 전동 블라인드로 일사량을 조절한다.

③ 자연환기

환기의 경우 기계장치를 사용한 강제환기는 사용하지 않고, 개구부를 통한 자연환기만을 사용하고 있다. 이중외피에 설치된 자연환기용 개구부를 통해 외기를 유입하고, 사무공간을 환기시키며, 배기의 경우 이중외피 상부에 설치된 틸트창과 아트리움 천창에 설치된 개구부를 통해 배출시킨다. 이러한 자연환기는 더운 여름철 야간에 자연환기를 통한 건물 구조체의 냉각을 통해 주간의 냉방부하 일부를 감소시키고 있다.

(4) 일본 시가라키 미호박물관(Shigaraki MIHO-Museum, I.M. Pei, 1996)

자연경관이 수려한 교토 외곽의 자연보호구역 구릉의 가파른 경사지에 위치한 이 미술관은 전체 건축물이 자연경관을 훼손하지 않도록 건물의 3/4 이상이 땅 속에 묻혀진 약 5,300평 규모의 박물관이다.

디자인 측면에서 볼 때, 잘 짜여진 공간의 구성은 입구에서부터 휘어진 터널과 현수교 교량을 거치며 경관의 보여짐과 가려짐의 세심한 과정을 거치며, 계속적으로 전개되는 공간의 변화를 보여주고 있다. 또한 일본 고유 전통양식의 지붕으로 구성된 전체 형상은 주변의 산세에 순응하는 친환경적 이미지를 갖추고 있다.

전시공간을 위한 자연광의 실내유입은 전통건축 지붕형상의 천창과 측창을 통해 실내에 충분히 유입되며, 복층유리 사이에 설치된 섬세한 알루미늄 스크린과 얇은 막장치에 의해 조절된다. 이러한 풍부한 빛공간은 세장한 유리 프레임의 사용으로 외부와의 계속적 시각적 연계를 증대시키며, 또한 심리적 편안함을 얻고 있다. 이렇게 시가라키 박물관은 자연에 순응하고, 자연에너지를 이용한 친환경적 건축으로서 지역적 특성과 전통성을 유지하고 있는 박물관이라고 할 수 있다.

▶**3.119** 전체 배치, 중정 및 실내 홀 풍경

제4장 건축의 재생

건축의 재생은 어떠한 의미와 가치가 있는가? 그리고 재생시키기 위해서는 계획단계에서 무엇을 검토해야 하나?

4.1 건축 재생개념의 인식 및 개요

4.1.1 재생개념(Renovation)의 건축적 인식

(1) 재생(renovation)의 정의 및 특성

건물은 하나의 생명체와 같이 그 수명을 가지고 있다. 도시는 하나의 생명체이며, 건물은 그것을 형성하는 세포이므로 건물은 생성과 소멸의 작용을 갖는다. 따라서 건물의 변형은 건물의 생성과 소멸의 중간과정에서 그 건물이 생존을 위해 불가피하게 겪을 수밖에 없는 하나의 자연스러운 단계이다.

일반적으로 재생(Renovation)을 정의하면 건축물의 개·보수를 말하는 것으로서 노후된 건물의 본래 기능을 회복시키거나 개선시키는 행위를 말한다. 또한, 건축법규상 증축, 개축, 재축, 이전 등이 리노베이션과 관련된 개념으로 재생은 기존의 건물을 유지·보수, 증·개축, 대수선할 뿐만 아니라 기능적인 측면이 보강되는 의미를 포함한 행위를 말한다. 이러한 재생과 유사한 표현으로 리모델링(Remodeling), 리폼(Reform), (Renewal), (Repair) 등이 있다.

따라서 재생은 기존의 건물을 변화하는 새로운 요구에 따라 부분이나 전체를 개조하는 것("다시+새롭게 하다"= 낡은 것을 뛰어 넘는다는 역동적인 의미가 있음)으로서 단지 수선의 개념이 아니라 재창조라고 할 수 있다.

▶4.1

쎄느강에 면한 오르세 미술관은 옛 시가지 풍경을 유지한 채 개축함으로써 건축의 재생개념이 잘 구현된 예 중의 하나이다.(좌)

▶4.2

미국 뉴욕의 Bedford Stuyvesant Plaza는 공장지대의 옛건축물을 리모델링하여 활성화되었다.(우)

▶표 4.1 신축과 리노베이션의 차이점

신 축	리 노 베 이 션
·대지와 주변 환경이 변수 ·현재의 미래화	·기존 건물 및 구조 변수 ·과거를 출발점으로 삼아 미래의 현재화 ·분장술(성형수술)이 아닌 건축공간의 새로운 의미 부여

(2) 재생의 재인식

현대 문화활동의 병폐가 기존의 것을 무조건 낡은 것으로 폐기하려는 위험한 발상에서 비롯한다고 볼 때, 이러한 발상은 장소성의 측면이나 환경 측면에서 보다 신중하게 접근해야 한다. 재생은 장소성의 유지·보존의 측면과 환경보존의 측면에서 재인식이 필요하다.

① 장소성의 유지·보존의 측면

기존 도시공간의 보존은 오랜 기간을 두고 형성된 장소성의 보전에 기여한다. 장소 도상이 풍부한 도시의 소환경은 공유된 과거를 불러 일으키며, 이러한 소환경을 매개로 자아와 집단의 관계에서 소속감이 형성되고 공동체 의식으로 발전된다. 따라서 도시의 장소성 보전은 지역 정신의 유지로 이어지고 최종적으로 공동체 의식과 인간성 회복에 기여한다.

▶4.3

베니스광장에 면한 옛 건축물의 사이공간은 유리지붕에 의하여 훌륭한 쇼핑몰로 더욱더 활성화되면서 주요 관광명소가 되었다.

옛 것과 새로운 것을 도시환경에 적용하는 방식에 대한 배려를 '장소성의 유지와 보존'이라는 측면과 '새로운 변화의 수용'이라는 측면을 '동적 균형의 유지'라는 측면에서 신중히 수용할 필요가 있다. 이러한 재인식에 근거하여 리노베이션이 갖는 재생은 신구에 의한 조화로운 재구성과 이에 의한 새로운 생명 부여를 통해 도시는 인간화되고 활성화된다.

② 환경 및 에너지보존의 측면

건물은 건설과정에 소요되는 제반 자재의 생산과정, 건설인력, 중장비, 동력 등을 감안하면 에너지의 집합체라 할 수 있다. 이러한 노후건축물의 재생은 산업폐기물 감소에 따른 자원절약과 환경오염을 감소시키는 긍정적 해결책의 하나이다. 또한 기존건물의 실내 환경개선은 거주의 쾌적성과 유지관리 측면에서 건물의 에너지소비를 절약케 하여 지역환경이나 지구환경개선에 직·간접으로 연관된다. 리노베이션의 1차적 목적이 경제성 향상이라고 하더라도 철거에 의한 신축과 비교해 볼 때, 환경 및 에너지보존의 측면에서 긍정적 효과는 지대하며, 적극적으로 수용되어야 할 충분한 가치를 갖는다.

참고사항 1 : 리노베이션과 관련된 용어의 정의

① 재생(Renovation) : 오래된 건물을 다시 쓸 수 있게 고치는 것. 복원의 의미보다는 포괄적이며 '건축물은 사회에 적응해야 한다'는 사상에 근거하고 있다. 과거의 것을 보전하고 미래에도 적합해야 하는 역사적 보전의 모순된 목표를 건물의 내부와 외부를 다르게 함으로써 해결하는 방법

② 보존(Conservation) : 동일한 물리적 조건으로 유지하면서 건물의 미적 실체에 아무런 가감을 하지 않음.

③ 복원 (Restoration) : 역사적, 예술적 가치에 따라 변형되었거나 훼손된 건물의 원형 복구 또는 오랜 사용에 의해 낡아버린 건물의 원형을 보수하는 것.

- 역사물 등에서 축적된 기술자, 전문가들에 의해 현대적 발전 이전 상태의 물리적 조건으로 바꾸는 것.
- 파괴된 것을 대체하고 부가된 것을 제거하는 것.

④ 보전(Preservation) : 환경주의자들에게 사용되는 전문어휘로 강, 숲, 토양, 공기, 바다 등 자연환경의 재생 및 유지를 뜻하며, 인간생태학적 의미에서 건물 및 도시를 포함하여 적용

⑤ 전용(Adaptive reuse) : 원래의 목적에 맞지 않거나 혹은 더 이상 필요 없는 건물을 적용 대상으로 하고, 구조는 쓸만한 경우 원래 형태와 성격을 같이 하면서 사용자의 요구에 맞도록 다른 용도로 사용.

⑥ 재조립(Reconstitution) : 원래의 대지나 다른 대지에서 부분부분을 다시 조립해야만 건축물을 보전하는 경우를 일컬음. 보통 전쟁, 지진으로 재난을 당했을 때 또는 새로운 대지에서 그대로 옮기기에 너무 클 때 사용

⑦ 재축(Reconstruction) : 건축물의 전부 또는 일부를 철거하고 구조, 규모, 용도를 현저히 변화시키지 않는 범위 내에서 원래의 장소에 다시 건축하는 것.

⑧ 모사(Imitation) : 현존하는 건물들 간의 격차를 메우는 것이 필요할 때 사용(역사적 성격을 띤 지역이 독특한 성격을 지닐 때나 보존해야 할 경우)

⑨ 이전(Relocation) : 보존의 또 다른 접근방법으로서, 건축물을 한 장소에서 다른 장소로 옮기는 경우

⑩ 재마감(Refinishing) : 건축물의 외장, 내장 등의 마무리 부분을 변경시키는 것.

⑪ 유지관리(Maintenance) : 대상물의 초기 성능 및 기능을 유지하는 목적으로 주기적 또는 계속적으로 행하는 주유(注油), 소모품의 교체 등의 경미한 작업

⑫ 수선(Repair) : 열화한 부재, 부품 혹은 기기의 성능이나 기능을 원상 또는 실용상 지장이 없는 상태까지 회복시키는 것. 다만, 보수범위에 포함되는 정기적인 소부품 교체 등은 제외

참고사항 2 : 역사적 건축물에 대한 보존 시책 / 미국의 예

역사성이 있는 건축물의 보존과 이에 관련한 증개축은 국가적 지원정책과 이를 수행하는 건축가의 세심한 노력이 동시에 요구되는 사항이다. 역사적 건축물에 대한 보존 시책의 주요사항을 미국을 예로서 설명하면 다음과 같다.

역사적 장소들의 국가등록제도(The National Register of Historic Places)

어떤 개인소유의 건물이나 지구 전체를 등록부에 올리려면 그 소유자는 NPS에서 발급된 '역사적 장소의 국가 등록 추천 양식'을 채워서 내무부의 승인을 받아야 한다. 이와 더불어 각주는 SHPO를 두고 있으며, 이 관리자의 책임하에 그 주의 역사적 자산들을 국가등록부에 추천하도록 하고 있다.

[참고] NPS : NATIONAL PARK SERVICES – 국립공원관리소
SHPO : STATE HISTORIC PRESERVATION OFFICER – 주의 역사보존관리

세제 혜택(Tax Incentives)에 의한 보존노력의 고무

역사적 건물에 대한 자본투자 고무와 역사적 마을 복구를 위한 세제혜택 제도를 마련하고 있다. 1981년 경제회복 세제법의 조항에 의하면 공인된 재개발을 위한 세제혜택은 다음의 사항을 포함한다.

① 역사적인 상업적, 산업적, 그리고 임대주택이 복합된 건물들의 재개발에 대해서는 25%의 세제혜택 부여.

② 역사적 건물의 조정된 기준은 비용 회수기간을 15년으로 산정.

역사적 건물보존을 위한 연구(Researching the Building)

가능한 한 원래의 건물에 대해서 많이 연구하여 자료로 남기며, 증개축에 따른 건축계획을 시작할 때에 그 건물을 독특하게 만든 원래 건물의 디자인 요소들을 기록해 두는 것도 또한 중요하다. 이에 따라 역사적 건축물의 증개축 프로젝트와 관련된 원칙들은 다음으로 요약된다.

① 기존 건물의 개조 및 증축에 관한 당면 디자인은 이러한 개조나 증축들이 역사적, 건축적 혹은 문화적으로 중요한 자산을 파괴하지 않으면서 디자인의 크기, 스케일, 색채, 재료면에서 그 건물과 주변환경의 특성과 조화를 이루고 있을 때는 허용될 수 있다.

② 가능하면 구조물들의 새로운 개조나 증축은 차후에 이러한 증축부나 개조부분이 제거되더라도 그 구조물의 중요한 형태와 온전함이 손상되지 않도록 행해져야 한다.

(3) 재생의 사례

1) 파리의 루브르박물관

① 배경 및 과정

루브르박물관은 1204년 처음 방어를 위한 요새로 지어진 후, 거의 800여 년 동안 파괴와 개조작업이 계속되어 오다가, 일반인들에게 박물관으로 선보인 것은 1793년이었으나, 나폴레옹 시대에 세계 최고의 미술관을 만들기 위해 엄청난 양의 미술품을 수집함으로써 본격화되었다.

그 후 수장품의 증가에 따른 부족공간의 증가, 불편한 내부의 동선체계, 접근성 등의 여러 문제점에 봉착하는 상황에 이르게 된다. 관리, 보존, 서비스 공간이 전체의 15%에 지나지 않아 한 작품을 다른 작품 위에 수직으로 전시하는 일까지 발생하고, 또한 전시공간의 연결방식이 직선

▲4.4 루브르박물관을 상징하는 유리 피라미드의 주야 풍경

적이어서 총 관람길이가 1km에 이르는 상황까지 갔었다. 외부공간 역시 도시와의 연계가 잘 이루어지지 않아 대부분 방문객들이 집결하는 나폴레옹 광장은 재무국을 위한 공허한 주차장에 불과했다.

이에 따라 1983년 대통령과 그랜드 루브르 설립 위원회는 '그랜드 루불 계획'에 현상설계 없이 건축가 I.M. Pei를 설계자로 단독 지명하였다. I.M. Pei에 의한 루브르박물관계획은 독특한 유리 피라미드에 의한 기능 해결과 모뉴멘트에 의하여 고유의 장소성 회복과 800년 역사의 위대한 유산을 재정비한 훌륭한 사례로 꼽히고 있다.

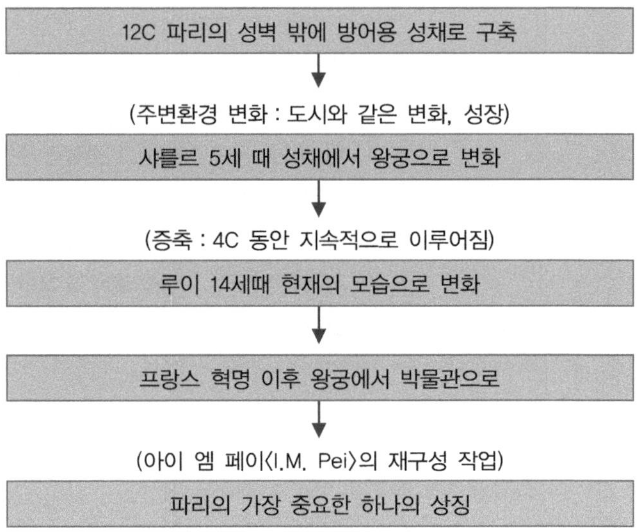

② 계획의 기본 요구사항

- 나폴레옹 광장 지하에 2개 층 110×220m^2의 장방형 공간을 증축하여 대략 50,000m^2의 새로운 공간 형성.
- 나폴레옹 광장에 주출입구를 두어 중심지역으로 부각시키며, 콤팩트하게 처리.
- 중앙과 옥외정원을 재정비하고, 광역적인 도시맥락 안에서 다양한 오픈 스페이스의 회복.
- 단순명료하고 절제된 건축 어휘 사용.

궁극적으로 연면적을 70,000m^{2}에서 150,000m^{2}로 두 배 이상 늘리고, 나폴레옹 광장 지하로 기존 건축물을 연결시키며, 차후 10년간 기존 박물관 내부를 개조하여 7개의 전시공간을 더 넓게 재편성하는 것이었다. 또한 나폴레옹 광장 서쪽의 Carrousel 광장은 임대전시공간과 주차장을 포함하였다.

③ 주요 디자인의 특징

- 입구 : 지하에 연결되는 밝은 입구를 위한 고심의 해결책으로서, 거대한 유리 피라미드를 통해 지하홀에 빛과 공간을 만들어 주고 있다. 피라미드는 광장 중앙에 위치하며, 3면에 삼각형의 연못과 분수로 둘러싸여 있고, 물과 유리의 전형적 구성은 낮에는 파리의 하늘을 반사하며, 밤에는 광장을 밝혀주는 램프 역할을 한다. 자연채광을 실내에 유입시켜 주며, 또한 안에서 밖을 볼 수 있어서 방향감각을 잃지 않게 하고 있다. 유리 피라미드 안쪽은 여러 지하연결 동선체계 - 즉 나선형 계단과 이에 의하여 둘러싸이고 있는 지름 3m의 원통형 엘리베이터, 그 양쪽에 위치한 두 개의 에스컬레이터를 적절히 배치하여 시각적 단순함을 보여주고 있다.
- 피라미드 : 35m 정방형 형태로서 20.6m의 높이에 51.7°의 경사각을 갖고 있다. 설계에서 가장 중요시 여겼던 점은 자연채광의 도입과 시각장애를 일으키지 않는 구조프레임의 선택이었다. 외부재료로서 유리는 홀 내부에서 외부 모습을 보는데, 시각적 왜곡을 보완하기 위해 특별히 완전 무채색 2cm의 투명유리를 사용하였다.

2) 독일 프랑크푸르트 중심가의 시립미술관

독일 프랑크푸르트 중심가에 위치한 시립미술관 건립의 경우는 재생의 개념에서 볼 때, 도시구조의 변화에 대응한 건물군의 재생적 개편과 외부공간의 기능을 회복시킨 훌륭한 재생의 사례로 꼽힌다. 2차 세계대전의 폐허 더미 위에서 새롭게 태어난 배경에는 시가 30년 동안 꾸준히 추진한 공공건설사업으로 몇몇의 무명 건축가들의 노력, 시민의 아낌없는 협력 등을 통하여 일궈낸 시민 전체의 결실이라 할 수 있다. 그 결과는 단절되었던 주변지역의 기능회복과 역사적 연결성의 부활로 이어졌다.

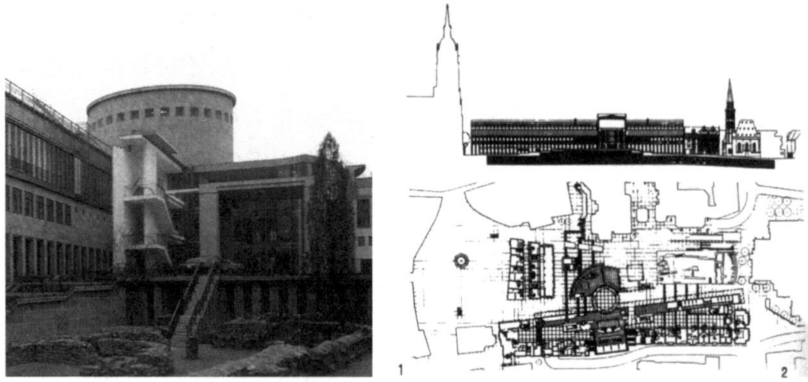

▶**4.5** 독일 프랑크푸르트 시립 미술관 전경

중세도시의 중심부

↓

2차 세계대전으로 파괴되고 대성당만 남음

↓

개발 사업 : 30년 이상(4명의 무명 건축가의 노력)

↓

시립미술관, 지하철역사, 지하주차장, 중세지하유적, 다목적건물 등의 주변 개발까지

↓

기능회생, 역사적 연속성을 연결

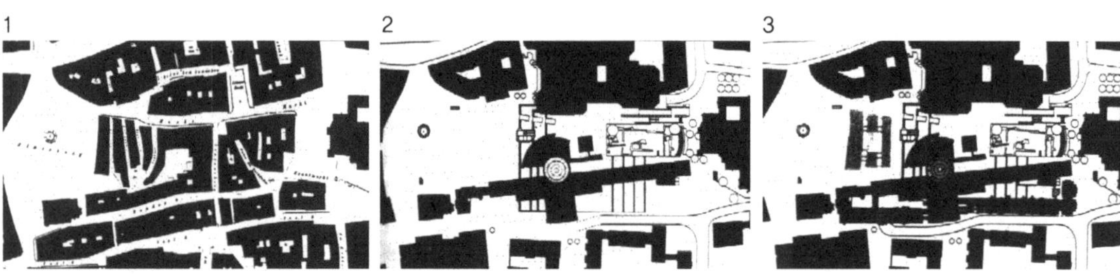

▲**4.6** 독일 프랑크푸르트 시립 미술관의 재생과정

3) 카니에레 재개발계획, 스페인, 레리다 / 아마도-도메네슈 건축사무소 작

(Barro Del Canyeret, Lerida, Spain / Amado-Domenech Architectos)

카탈로니아시의 옛 중심가에 자리하고 있는 카니에레 구역은 고딕양식의 옛 성당과 담장을 두른 성채 사이 위에 자리잡고 있으며, 씨그레강 하류를 따라 들어선 19세기의 지역이다. 수십년 동안 방치되어 온 카니에레는 마약거래와 범죄로 유명한 우범지대로서 사실상 비어 있는 지대

▲4.7 카니에레에서 카탈로니아 시가지를 바라 본 풍경

가 되었고, 이것이 넘을 수 없는 벽이 되어 언덕지대를 도시에서 고립시키는 결과가 되었다.

① 재개발의 특징

카니에레 재개발의 두드러진 특징은 법원 건축이 재개발의 핵심이 되고 있는 점으로서, 이는 이 계획이 거주단지보다는 일터의 조성에 중심을 두고 있음을 의미한다. 카니에레의 다목적 도시계획의 또 다른 특징은 도로망의 형태, 공유공간, 도시권에 쉽게 접근할 수 있는 하부구조의 조건을 강조한 점이다. 이러한 계획하에 도로포장과 가로등 설치, 낡은 집들의 재보수, 새로운 개방공간, 출입로, 공공교통수단의 확충 등이 이루어졌다. 성채는 다시 시민생활의 핵심이 되었고, 제방에는 사람들이 넘치게 되었다. 공원이 조성되었고 새로운 도로망이 법원과 성당, 그리고 시의 상업지구를 연결하게 되었다.

▶4.8 전체 풍경

고딕풍의 옛 성당을 끼고 구릉과 어울리는 만곡형의 벽면 구성, 타워형의 수직요소는 성당과 어울려 종교적 상징성을 표현한다.

② 디자인의 특징

프로젝트에서 건축적으로 놀라운 것은 '벽과 타워'라는 두 요소들 사이에서 구성해낸 점이다. 친근하고, 유서깊은 이들 도시형태는 옛 중심가에 인접한 그림같이 아름다운 건축물 이상의 의미를 갖는다. 이들의 공간적 형태가 실제적 문제에 해결책을 제시했던 것이다.

언덕의 급한 경사와 불안정한 점토토양이라는 조건하에서 건물에 안정성을 부여하는 방법은 언덕의 굴곡을 따라 벽의 형태를 만드는 것이었다. 그것은 콘크리크 스크린 월의 일종으로서 뒤쪽에서 버팀줄로 고정되어 있어 길고 가는 만곡한 건물을 지탱할 수 있다.(길이 250m, 높이 20m, 깊이 10m) 휘어 있는 건물의 특성은 지상 레벨에서 풍부한 공유공간을 제공할 수 있게 한다. 타워는 일종의 도시요소로서 벽처럼 기능적 욕구를 충족시킨다. 철제 다리가 그것을 성채와 연결하고 있으며, 엘리베이터는 보행인들에게 위쪽의 성채와 아래쪽의 도시 사이에 훌륭한 수직적 연계를 제공한다. 물결모양으로 구불거리는 언덕 옆에 세워진 '벽'과 성당의 타워와 평행하게 서 있는 '타워'는 기능적인 것 외에도 프로젝트의 종교성을 상징하는 것이다.

4) 파리의 바스티유 철도역의 아치 고가철도

▶4.9 아치 구조물에 설치된 상점가

폐기대상 (용도를 다한 창고 등으로만 사용)
↓
페트릭 베르제의 접근
↓
· 여러 특성들을 부여하여 반복된 동일한 상점가로 변화(카페, 의상실 등) · 단순 반복이 주는 도시의 강렬한 인상물(모뉴멘트)

5) 스위스 티치노 지방의 벨린초나(Bellinzona) 의 카스텔 베키오 박물관

유사시 도시 방어를 위한 성벽과 3개의 성
오랜 ↓ 시간
폐 허
〈복원 Program〉 – 갈페티(A. Galfetti)에 의한 역사, 문화, 생활이 있는 공간으로 개조
박물관, 작은 식당들, 전시실, 옥외정원, 도심에서의 접근이 가능한 승강기(계단) 설치
↓
강력한 상징성 부여
· 새로운 생명 부여 · 도시 생활의 문화, 정신적 구심점

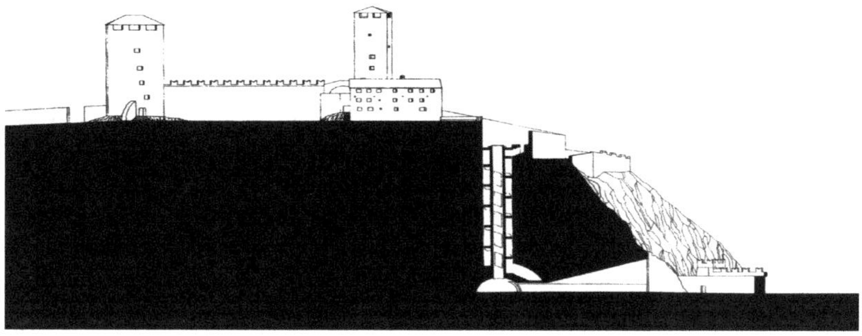

▶4.10

암반 위에 위치한 카스텔 베키오 박물관은 암반을 뚫어 승강장을 설치함으로써 도심으로부터의 직접 진입을 수월하게 하였다. 이러한 노력에 힘입어 버려진 옛 성곽은 역사문화공간으로 다시 태어나면서 도시의 강력한 상징성으로 구축하는 계기가 되었다.

4.1.2 재생(Renovation)의 필요성과 전망

(1) 재생의 필요성

1) 발생원인

① 가치적 원인

과거에서 현재로의 시간적 경과에 따라 사용목적과 상황, 건축물에 대한 인식이 변화되어 토지이용상의 문제, 지가상승 등 직 · 간접적인 건축물의 경제적 가치의 성격이 변화됨으로써 건축 행위가 발생하게 됨.

② 시대적 원인

현대적인 새로운 건축문화의 조류와의 만남과 서구생활양식의 파급, 그리고 경제, 습관, 사회구성의 변화 등의 시대적 요구사항

③ 물리적 원인

건물의 노후도 심화, 시공부실에 의한 결함발생, 사용자의 부주의로 인한 결함발생, 대지의 용도변경, 도로의 신설 및 확장 등의 도시구조상 변화, 각종 설비 배관류의 부식 등에 의한 결함발생 등을 말한다.

④ 사회적 원인

- 정보화 사회의 도래, 과학기술의 발달, 사회구조의 변화, 다양한 생산과 소비유통구조적 요구.
- 기존의 획일화된 건설에 대한 소비자의 반발과 소득증대에 따른 개성 표현욕구.
- 생활 패턴(LIFESTYLE) 변화로 인한 주거공간 및 상권의 변화.

사회환경의 변화	A 구조보강 ·내진보강 ·설비기기의 내진 성능 향상	B 방재방범향상 ·소방설비의 향상 ·자가발전기의 설치 ·급수시설 확충 ·경비시설의 설치	C 약자보호 ·손잡이 설치 ·장애자용 화장실 설치 ·계단턱 높낮이 해소 ·동선단축	D 환경배려 ·쓰레기 문제 ·물 이용, 관리 ·가스배출 문제
니즈의 다양화	E 정보화 대응 ·OA기기 대응 ·전원용량 증강 ·광케이블 설치 ·이중바닥 시스템	F 에너지 절약 ·에너지절약공조 ·시스템 설치 ·자연에너지 채용 ·청소곤돌라 설치	G 쾌적성 향상 ·공조환경 향상 ·빛 환경개선 ·화장실 개선 ·휴게실 설치	H 이미지 향상 ·외관쇄신 ·인테리어 개선 ·조명개선
	I 용도의 변화 ·타용도 전환 ·이용방법의 변경	J 증축 ·스페이스 확장 ·공간절약기기 설치	K 재생 ·경관개선	L 보존 ·역사적 환경 보존 ·건물의 유효 이용
건물의 기능 유지	M 설비의 갱신 ·열원설비의 갱신 ·공조기의 갱신 ·전원설비의 갱신	N 안전의 확보 ·외벽타일 낙하방지 ·철구조물의 부식방지 ·콘크리트 중성화 대책	O 방수성능의 확보 ·옥상방수 갱신 ·옥외건구의 갱신	P 오염제거 ·외벽청소 ·백화현상 대응

▲표 4.1 리노베이션의 발생원인과 동기
(자료 : 윤영선, 건물성능의 당위성과 향후시장 전망, 대한건축학회지 건축 0007)

2) 발생동기

① 주요 결함 발생

② 건축물의 노후화에 따른 유지 · 보수비 과다지출로 건물운영관리체계상 경제적 문제가 발생할 경우

③ 기존 건물에 대한 사용 용도 및 기능의 변경이 요구될 때

④ 건축물의 물리적 노후화가 어느 정도 진행된 시점에서, 새로운 신축이 제반 법규나 제도상 등의 이유로 현재가치(용적 증가 등)가기존의 상황보다 더욱 악화될 경우

⑤ 건물사용시 불합리한 요소를 발견하여 대규모로 변경이 요구될 경우

⑥ 현 건축물이 본래 목적을 충분히 수행하지 못하는 경우 등.

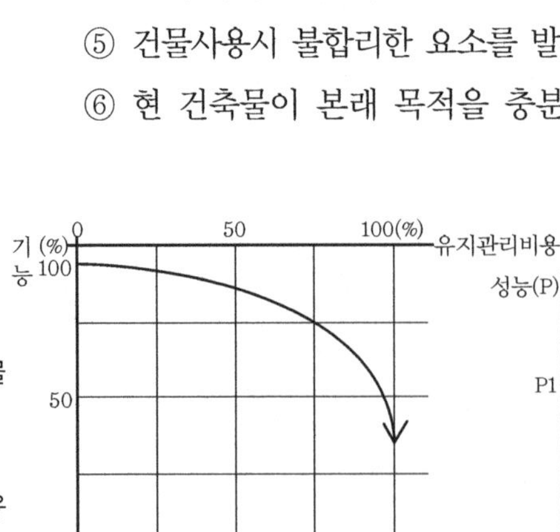

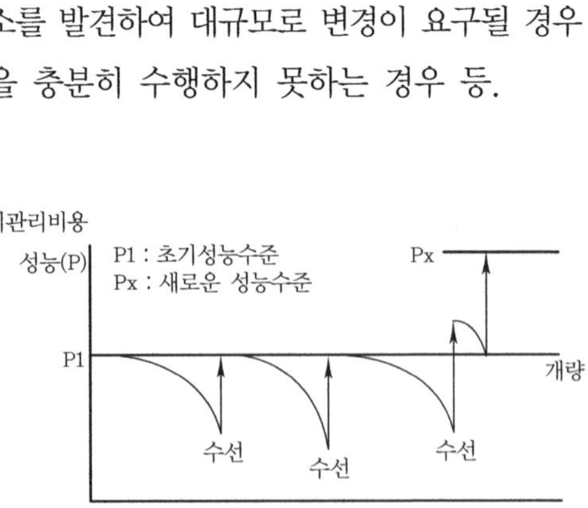

▶4.11 시간 흐름에 따른 건물기능과 유지비의 관계(좌)

▶4.12 건물의 사용시간과 유지보전 요구성능 수준(우)

(2) 앞으로의 전망

리노베이션은 그 대상으로서 도시 속의 노후건축물, 고건축, 농촌의 옛 농가 등, 그 범위는 무척 넓다. 이를 재생시키는 작업은 개발 우선주의적 개념에서 전환하여 질적인 건축문화로 나아가는 과정이며, 이에 의한 건설시장에서 리노베이션이 차지하는 비율은 증가할 수밖에 없다. 이러한 추세에 의한 전망은 리노베이션의 적정 시기를 건립 후 20년 전후로 보았을 때, 국내 리노베이션 시장은 2010년에는 약 15~20%, 2020년에는 약 25~30%로 예상되고 있다.

▼표 4.2 건물 리모델링의 건설시장에 대한 전망
(자료 : 윤영선, 건물성능의 당위성과 향후시장 전망, 대한건축학회지 건축 '00. 07)

구 분	2000	2010	2020	2025 이후
특 징	-비주택중심의 리모델링시장 성장 -주택부문은 성장 속도는 느리지만 물량면에서는 비주택보다 우위	-주택분문 리모델링(특히 아파트 공동부분) 활성화 시작	-주택부문에서는 리모델링이 주도적인 위치 확보 -전체 리모델링 시장의 성장을 주택부문이 리드	-서구국가와 비슷한 수준으로 리모델링이 건설시장에서 최대시장으로서 위치 확보
전체 건설시장에 대한 리모델링 비중	8~10%	15~20%	25~30%	30% 이상
주택건설시장에 대한 주택 리모델링 비중	12~15%	20~25%	30~35%	35% 이상

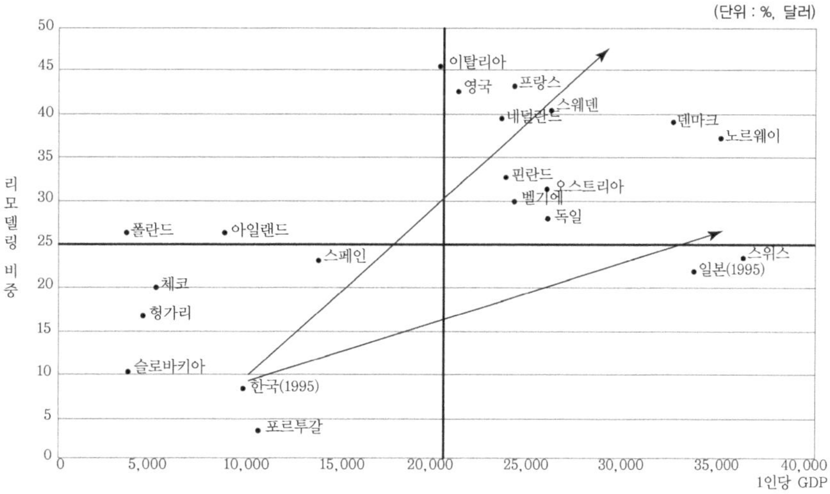

▶4.13 인당 GDP와 리모델링 비중(1997년 기준)
(자료 : 윤영선, 건물성능의 당위성과 향후시장 전망, 대한건축학회지 건축 0007)

참고사항 1 : 리노베이션의 장점

① 환경보호 : 폐기물 처리감소에 따른 자원낭비와 환경문제 해결.
② 비용절감 : 토공사, 골조공사 및 보존 부위에 대한 공사비 투입이 거의 없으므로 신축에 비해 현격히 감소.
(리모델링공사 비용은 평균 신축의 1/3 수준)
③ 이미지 창출 : 건물을 헐지 않고도 자신의 개성에 맞게 재 단장 가능
④ 재산가치 상승효과 : 새롭게 적절히 처리된 건물은 가치증대로 부동산의 가치상승
⑤ 공사조건유리 : 공사제약조건, 공사기간, 각종 민원예방에서 유리.
⑥ 공기단축 : 해체공사 및 구조체공사에 소요되는 기간이 불필요하게 되어 그 만큼 공기단축이 가능.
⑦ 영업가능 : 경우에 따라 영업을 유지하면서 공사가 가능하여 공사로 인한 영업손실을 최소화할 수 있음.
⑧ 민원감소 : 비산먼지나 소음 등의 민원발생요인이 해체나 골조공사를 하지 않음으로써 현저히 감소.
⑨ 법적용 혜택 : 구건물 신축 당시의 건축법(증축이 아닌 경우)이 적용되므로 건물의 규모에 전혀 손댈 필요가 없고, 구법 적용으로 인한 까다로운 개정 건축법의 제한을 받지 않으므로 공간활용도가 신축에 비해 높아진다.
(증축공사인 경우 증가된 면적은 신규 주차장법을 따름)

참고사항 2 : 재생(Renovation)의 분류

(1) 목적에 의한 분류

① 구조 : 건물의 안전을 위해 가장 우선적으로 고려해야 할 사항으로서 건물의 노후화에 따라 발생할 수 있는 구조적 성능저하는 물론 건물의 기능변화와 사용패턴의 변화, 주변환경의 변화 등에 대응하기 위한 구조적 성능의 개선이 필요
② 기능 : 다른 건축요소에 비해 특히 건축설비시스템의 성능저하가 가장 빠르게 발생하므로 개선의 주요대상이 됨.
③ 미관 : 건물의 가치를 판단하는 일차적 요소이므로 재료의 노후화에 따라 질적으로 저하됨을 포함하여 시대적 성향의 변화에 따라 사용자나 건물주의 선호가 바뀜. 빌딩 등의 외관뿐만 아니라 건물 내부의 형태 및 마감상태 등이 포함됨.
④ 환경 : 기존 건물의 열환경, 빛환경, 공기환경 및 음환경의 개선을 통해 거주의 쾌적성과 건강, 사용자의 생산성 향상, 건물 에너지소비 절약 건축물의 내·외부의 환경개선은 물론 지역환경이나 지구환경의 개선과도 연관됨.
⑤ 에너지 : 리모델링의 궁극적인 목적이 경제성 향상이라고 할 때 에너지 소비는 건물의 Life Cycle Cost를 결정하는 가장 중요한 요소가 됨.

(2) 용도에 의한 분류

① 주거 및 사무시설

정보화, 국제화, 고령사회, 여성의 사회 진출이 증가하는 현대 사회에서 요구되는 생활 및 업무패턴의 변화는 건물의 기능면에서 많은 변화가 요구된다. 이는 주거 및 업무 스타일의 다양성과 이를 수용해야 하는 기존의 주거형태 및 업무공간에 새로운 흐름에 적응하도록 변화를 강요하고, 이를 위한 크고 작은 리노베이션 공사가 예상된다.

② 상업시설

가치관의 다양화 및 변화하는 소비자의 요구에 대응하여 점차 새로운 업종의 점포가 생겨나면서 복합화, 전문화, 대규모화, 차별화의 진행이 예상된다. 특히 상업시설은 유행에 민감하며, 기업이 갖는 이미지는 마케팅에 영향을 미치므로 외장이나 내장의 리노베이션은 이미지 개선, 새로운 업태에 대한 대응, 매장면적의 개선, 방재에 대한 안전성 등을 배려하여 소비자의 요구에 따른 변화에 대응할 수 있는 가능성이 항상 요구된다.

또한 상업시설은 그 입지의 편리성이나 고객에 대한 유지성이 매상을 크게 좌우하므로 상업시설의 리노베이션 공사는 영업을 계속하면서 공사를 진행해야 한다는 공간적 · 시간적 제약에 있는 경우가 많고, 시공은 세심한 주의를 요하게 된다.

③ 의료시설

의료에 대한 요구의 다양화와 고도화, 고령화의 급속한 진전, 나아가서는 의료법의 개정 등 의료를 둘러싼 환경은 크게 변화하고 있다. 특히 환자들의 생명에도 관계가 있는 설비기능의 처리문제 및 이동, 개선 등의 문제 등의 전문적인 처방이 필요한 부문이다.

④ 숙박시설

쾌적한 환경과 안전성 확보를 통한 서비스를 제공할 수 있도록 항상 새로운 어메니티(amenity)를 추구해 나아가는 것이 필요하다.

4.1.3 재생(Renovation)의 조사, 진단 및 평가방법

건축물의 리노베이션은 기획단계로부터 조사진단 및 평가, 설계, 시공에 이르기까지 내외부적인 여러 변수에 의해 사업이 좌우되기도 하며, 신축의 경우보다 더욱 복잡하고 까다로운 절차를 거치게 된다. 정확한 정량적 평가를 위해서는 수많은 데이터를 필요로 하며, 축적된 데이터들은 보다 객관적이고 합리적이어야 한다. 건물을 라이프사이클(Life cycle)의 주기로 파악하고, 양질의 건물로 재생하려면 기능성, 쾌적성, 정비성, 장래에 대한 유연성 등을 고려하여 계획해야 한다. 또한 앞으로 이들에 대해서 어떻게 평가해 나가야 하는가를 지속적으로 연구·검토하여 평가항목, 평가방법, 평가척도 등을 명확하게 해야 한다.

(1) 리노베이션의 사업순서 및 검토항목

1) 기획단계

기획단계는 동기가 설정되고, 사회·경제적 상황에 따라 지향하는 목표를 설정하며, 이 때 기존건축물의 입주상태를 어떻게 처리해야 할지를 미리 고려해야 한다.

① 공사시행 전 입주자가 건물을 떠나는 경우 : 공사수행기간이 가장 빠르고 일괄적이지만 많은 이전비용이 소요된다.

② 공사를 위해 입주자 일부를 옮겨 여유를 두는 경우 : 대규모 리노베이션에 적합하며, 사전에 치밀한 공사시행계획이 요구된다. 업무환경에 대한 방해를 최소화하기 위해 휴일이나 야간공사를 수행하는 경우도 많이 발생한다.

③ 공사시행중 입주해 있는 경우 : 피해를 최소화할 수 있으나 공사비용과 기간이 가장 많이 소요된다.

④ 기타 특수한 경우 : 외국 공관이 입주해 있거나 움직일 수 없는 경우(대사관과 같은 치외법권 지역, 24시간 운용해야 하는 중요 통신시설 등)에 적용된다.

▶**4.14** 리노베이션 공사시행을 위한 경우에 대한 고려

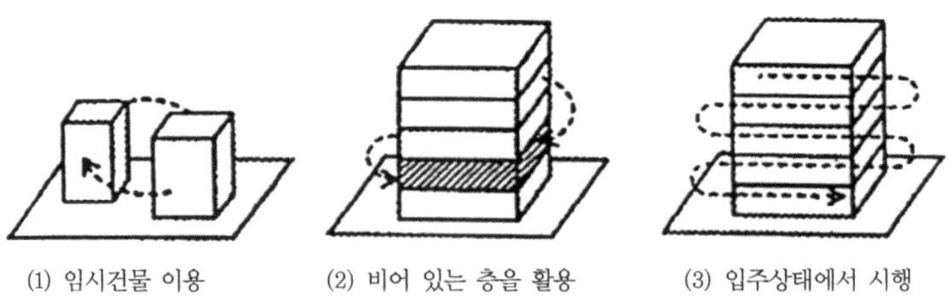

2) 조사 및 진단단계

자료를 수집 · 조사하여 효율적인 공사진행을 위한 공사범위와 내용을 판단하기 위한 조사 작업

3) 계획

검토·평가분석을 하여 공사범위, 공사방법, 공사비용 등을 결정

4) 설계

갱신내용을 구체적으로 설계도서에 표현하는 단계

5) 시공

설계도서에 기재된 각종 공사내용의 실시단계로서, 사전에 충분한 대책 수립이 필요

(2) 조사진단 및 평가

1) 조사진단

가능한 간결하고 경제적으로 해야 한다. 건축물의 진단시 모든 데이터들은 공정하게 도출해야 하며, 이미 결정된 진단자의 의견을 확인하기 위한 수단으로 사용되어서는 안 된다. 판단기준은 진단자의 전문가적 경험과 정량적 데이터에 의존하게 되며, 많은 입수자료를 분석·종합하여 적정한 판정과 공사범위를 결정해야 한다.

① 현상의 수집 : 주의점은 결함과 관련이 없는 징후들을 구별하고, 오판을 하지 않도록 해야 함.
② 조사에 필요한 정보 : 평가를 위한 기초자료-도면과 시방서, 감리의 작업지시서, 공사일지, 보고서, 유지관리기록, 결함에 대한 기록, 이용자 및 관리주체에 대한 설문조사, 조사자의 관찰록, 시험 및 측정자료 등의 정보.

2) 조사진단에 따른 부문별 평가

리노베이션을 하게 될 경우, 부분적인지 아니면 전면적인지의 결정적 판단을 내려야 할 때, 이러한 정량적인 평가는 참고치로서의 의미를 가질 수 있다.

참고사항 : 정량적인 평가방법의 종류

① 육안관찰기록 : 각 부문별 육안에 의해 열화를 판단한다. 즉 정량적 데이터를 근거로 관찰자의 경험에 의한 주관적 판단에 의존한다.

② 유지보수관리 기록 및 부문별 내구년한 검토 : 건물관리 이력카드를 근거로 한 유지보수관리기록과 결함에 대한 기록 및 내구년한에 근거한 공사범위의 포함 여부를 결정한다. 이때, 기획단계에서 설정한 향후 사용할 예상수명을 고려하여 존치할 것인지, 교체할 것인지를 결정한다.

③ 기능 및 용도의 적합성 검토 : 사회·경제적 여건상 요구되는 현재의 용도와 기능으로 변경해야 하는지의 여부를 판단.

④ 건물의 물리적 결함 및 노후화 정도 검토 : 구체적 진단결과에 따른 교체, 보수, 보강, 철거 등의 여부를 판단한다.

⑤ 이용자 및 건축주의 의견수렴 : 이용자를 대상으로 한 설문조사결과와 건축주의 의지를 수렴하여 공사범위 및 방법 결정을 하게 된다.

⑥ 시험 및 측정자료 검토 : 시험 및 측정자료검토는 진단자가 사진기록을 표준 판정도를 근거로 등급을 결정하여 공사 여부를 결정할 수 있다. 시험은 부착력시험, cross-cut tape testing, chalking test, 균열폭 측정, 오염이나 결함의 발생면적 및 유형분석, 연소시험 등이 있고, 조도측정, 소음도 측정, fiberscope를 이용한 관 내부 촬영이나 버니어 캘리퍼스 등을 이용한 부식정도 측정 등의 여러 방법이 있다.

⑦ 공사범위의 판단 : 공사범위의 판단은 결함의 집중 정도에 따라 결정을 하게 된다.

⑧ 신축 대비 경제성 비교 · 검토 : 창설비용으로 단순히 평가하는 방법과 내구년한을 고려한 Life-cycle cost로 평가하는 방법이 사용된다. 생애비용에 따른 평가방법은 창설비용에 비해여 보다 합리적이다.

3) 평가결과에 따른 공사범위 및 방법 결정

평가결과에 따라 대상건축물의 리노베이션 범위를 결정해야 하는데, 각 부문별로 철거 및 해체, 전면교체, 재배치, 재활용, 부분적 보수보강 여부를 신중히 검토하여 종합적으로 판단한다.

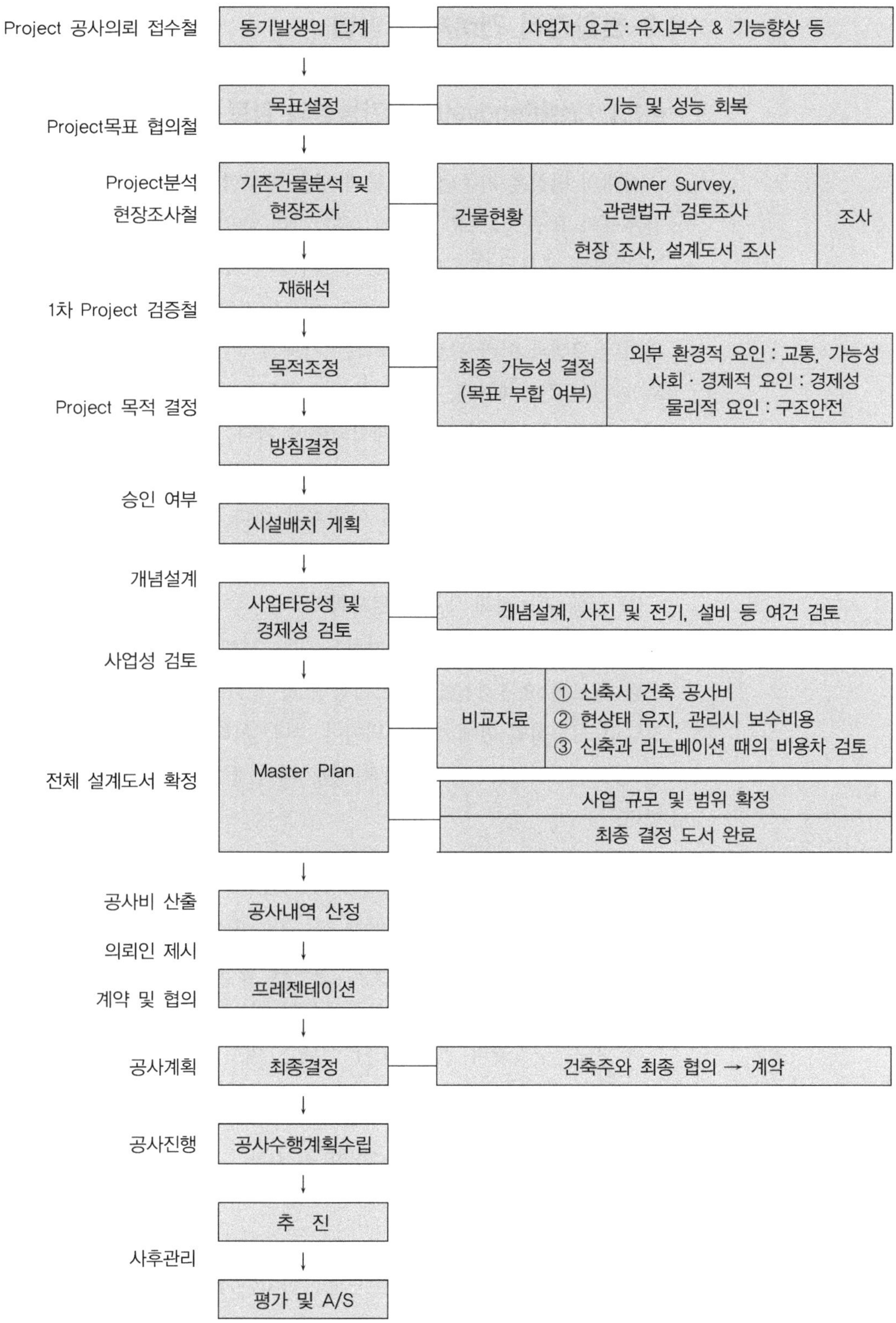
Project 공사의뢰 접수철
동기발생의 단계
사업자 요구 : 유지보수 & 기능향상 등
Project목표 협의철
목표설정
기능 및 성능 회복
Project분석
현장조사철
기존건물분석 및
현장조사
건물현황
Owner Survey,
관련법규 검토조사
현장 조사, 설계도서 조사
조사
재해석
1차 Project 검증철
목적조정
최종 가능성 결정
(목표 부합 여부)
외부 환경적 요인 : 교통, 가능성
사회 · 경제적 요인 : 경제성
물리적 요인 : 구조안전
Project 목적 결정
방침결정
승인 여부
시설배치 계획
개념설계
사업타당성 및
경제성 검토
개념설계, 사진 및 전기, 설비 등 여건 검토
사업성 검토
Master Plan
비교자료
① 신축시 건축 공사비
② 현상태 유지, 관리시 보수비용
③ 신축과 리노베이션 때의 비용차 검토
사업 규모 및 범위 확정
최종 결정 도서 완료
전체 설계도서 확정
공사비 산출
공사내역 산정
의뢰인 제시
계약 및 협의
프레젠테이션
공사계획
최종결정
건축주와 최종 협의 → 계약
공사진행
공사수행계획수립
추 진
사후관리
평가 및 A/S

4.2 친환경적 건축재생 방법

4.2.1 재생(Renovation) 가능성의 검토

시대의 변천은 기존의 건축물에 수용해야 할 기능의 증대와 새로운 공간유형의 요구, 새로운 이미지, 유지관리 측면 등이 복합적으로 작용하여 변화를 요구하게 된다. 보존가치가 높은 건물을 보호하고, 주변환경과의 조화균형 속에서 도시환경이 이루어져야 함을 감안할 때, 진정한 의미의 재생과 이와 관련된 증축은 기능적, 기술적, 미적인 요소들의 상호 관련된 결합체로서, 수용해야 할 새로운 기능적 요구들과 원래 건물의 기존 조건들을 기반으로 계획되어야 한다. 따라서 건축가는 이 요구기능을 기존 조건들과 조화균형을 고려하여 계획하며 또한 실행 가능성에 대한 사전검토도 충분히 이뤄져야 한다.

(1) 실행 가능성에 대한 검토사항

기존 건물을 보존하면서 확장하는 일은 실행 가능성, 타당성의 유무와 또한 새로운 요구조건에 대한 적합성 등이 기능적, 경제적, 법적, 미적, 그리고 기술적인 면에서 검토되어야 한다. 이러한 여러 가지 고려사항들은 상호관련이 있으므로 독립적 평가 대신 종합적 측면에서 평가되어야 한다.

1) 건물 분석과정에서 검토되어야 할 사항

① 그 건물이 계속 사용되어야 하는가? 또는 교체되어야 하는가?
② 증축할 경우 건물 소유주의 계획과 일치되는가?
③ 건물에 포함된 기능들이 장래성이 있는가?
④ 기존 구조물의 건축년도나 상태로 미루어 증축이 가능한 상태인가?

2) 건물 형상 측면에서 검토되어야 할 사항

① 앞으로 기능확장이 필요한 부분에는 성장에 대응할 수 있는 건물 형상의 사전 고려
② 확장 잠재력에 대비한 기능배치의 포괄적 검토

3) 건물 기술 측면에서 검토되어야 할 사항

① 구조적 측면

- 수직적 확장 : 추가하중에 대한 기존 구조의 역학적 역량을 평가하고, 새로운 지지구조 시스템의 비용, 건물 사용시의 방해 여부 등을 고려해야 한다(기초, 풍하중, 지진하중 고려).
- 수평적 확장 : 기존 건물과 새로운 구조체계의 연결문제가 가장 적극적으로 검토되어야 하며, 연결부의 유연성과 방수층 처리문제, 그리고 형태의 변화에 따른 외적 영향에 대하여 고려해야 한다(부동침하 및 적설하중 등).

② 기계시스템과 전기시스템

- 프로젝트의 비용
- 건축설비의 여유공간 유무와 새로운 시스템과 기존 시스템과의 상호 연결성
- 효율성의 정도
- 운용과 유지관리 문제

4) 부지 관련 측면에서의 고려사항

① 기존 부지의 형상, 크기, 그리고 위치 등 확장 가능성

② 부지의 위치가 장래의 요구사항을 충족시킬 수 있는지 여부 판단

③ 계획이 이웃 주민들과 고객들, 그리고 사용인들에게 미치는 영향

5) 경제적 평가

① 총투자비용 비교 : 생애주기동안의 비용산정방법(life-cycle cost approach)을 채택하여 초기 투자비와 건물 유지운용에 필요한 총비용을 종합적으로 평가하는 가장 포괄적인 방법.

② 자산가치의 문제 : 보다 적은 비용으로 보다 효율적인 결과치를 얻을 수 있도록 한다.

③ 운용상의 장애 : 각각의 대안이 야기시킬 수 있는 업무활동의 장애에 관련되는 비용

④ 효율성 : 대안들로부터 나타나는 전체 건물의 기능적인 효율성

⑤ 독자성(Identity) : 사업적인 독자성이 지니는 부가적 가치

6) 프로그램 준비

성공적인 건축적 프로그램의 준비는 소유주나 건축설계팀들로 하여금 미리 프로젝트의 필요사항을 분명히 하도록 하여 그들이 성공적인 프로젝트를 위해 필요한 결정을 내릴 수 있는 위치에 설 수 있도록 한다.

(2) 실현 가능성에 대한 고려사항

기존 건물과 부지의 상태, 새로운 기능, 그리고 새로운 요구들과 그들 상호간의 관계를 검토하여 대안을 도출해야 한다.

1) 기능상의 요구사항

① 기능과 규모에 대한 요구조건

② 자연채광에 대한 요구사항

③ 구조물 내의 동선에 대한 요구사항

2) 기존 건물의 영향

기존의 부분과 새로 증축될 부분과의 상호관계를 고려하는 것이 중요하다. 이러한 영향은 프로젝트마다 처해 있는 상황에 따라 차이가 있으며, 주요 항목은 다음과 같다.

① 규모와 형상(통합성, 융통성, 경제성에서 결정) ② 부지 ③ 구조·기계적 전기적 시스템

④ 미적 고려사항 ⑤ 미래의 확장 ⑥ 맥락적 측면

이 중에서 맥락적 측면의 경우 건물을 둘러싸고 있는 주변지역까지도 포함하고 주변도로와 건물, 그리고 다른 환경적 요소들에 대한 관계도 고려되어야 한다. 역사적, 건축적으로 중요한 유산의 경우 설계자는 그들을 잘 보존하고 기존 구조물과 장소의 맥락 속에서 조화를 이루도록 창조해야 하며, 도덕적이며, 때로는 법적인 의무를 갖게 된다.

3) 증개축의 유형에 대한 고려사항

① 수평적 증축

■ 수평적 확장

부지의 크기와 배치는 건물의 확장 가능한 방향으로 제시된다. 한층 또는 여러 층에서 이루어질 수 있으며, 기존 바닥을 연장하거나 높이가

다른 새로운 바닥을 설계할 수도 있다. 장점으로는 공사비의 절감과 기존건물에 대한 피해를 최소한으로 하며, 기존 건물이 계속 운영될 수 있다.

통로로 연결된 증축

수평적 증축의 또다른 유형으로서 좁은 통로로 기존 건물과 결합하는 방식이다. 동선이 길어지고, 동선이 한 곳에 집중되어 통로가 구속요인이 될 수 있는 단점이 있으므로 신중히 고려해야 한다. 보통 연결방법은 크게 ㉮ 공중 브리지로의 연결방법과 ㉯ 새로운 증축 건물을 연결요소로 사용하는 2가지 방법이 있으며, 새로운 증축 건물을 연결하는 방법이 좁은 통로에 따른 구속감을 피할 수 있으며, 인접한 공간을 더 많이 확보할 수 있다.

모듈러 확장

수평적 확장방법에서 재미 있는 변화는 독자적인 모듈을 반복적으로 사용하는 것에서 찾아볼 수 있다. 모듈의 반복요소들은 향후 확장에 대한 요구를 충족시켜 주기 위해 설정된다.

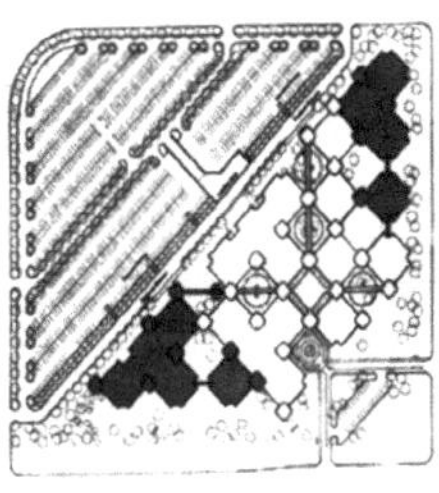

▶4.15 Smith, Hinchman & Grylls Associates, Inc.의 K시장 법인 단체의 국제 본부 건물(전체적인 개발이 마스터 플랜의 정해진 순서를 따른 예)

기존 건물은 2, 3, 4층으로 된 13개의 단위 건물/각 단위 건물들은 자체의 기계시설과 지원시설을 인접한 탑상 코어에 포함시킴으로써 기계적 체계를 개선시켰으며, 에너지 성능을 향상시켰다.

② 수직적인 증축

수직적 증축에 의한 추가하중의 구조적 타당성과 연면적 증가에 대한 법규 적용의 수용성이 미리 검토되어야 한다. 수직적 증축은 수직동선(계단, 엘리베이터, 에스컬레이터 등)에 대한 의존성이 높다. 이러한 동선체계는 흔히 하부공간을 관통해야 하고, 이를 위한 시설은 기존 건물의 공간 배치에 영향을 주므로 위치를 신중히 고려해야 한다.

③ 내부의 확장

기존 건물의 내부공간 층고에 여유가 있을 경우 새로운 층을 삽입하여 증축함으로써 여분의 공간을 얻는 방법이다.

④ 둘러싸는 증축 등

원래 건물이 갖고 있는 특징이 새로운 건물에 의해 사라지는 단점이 있으나, 기존 건물을 계속 사용하면서 전체적으로 새로운 이미지를 부여함과 동시에 공간을 확장시킬 수 있는 장점을 갖고 있다.

4.2.2 재생과 건축적 고려사항

(1) 부지에서 고려해야 할 사항

기존 부지조건은 새로운 증축물을 세우는 것이 경제적으로 가능한지를 결정하는 데 결정적인 역할을 하며, 그 유형과 형태를 어떤 모양으로 할 것인가를 또한 결정해야 한다.

▲4.16

루브르박물관의 경우, 지하공간을 활용한 공간 증개축으로 기존의 역사성을 훌륭하게 유지시키고 있다.

1) 증축부지의 확보

증축부지의 확보가 최우선적으로 고려되어야 한다. 증축부지의 확보가 어려운 경우, 대안으로 다음의 방법을 고려해 볼 필요가 있다. 즉 인접부지나 건물 위로 확장할 수 있도록 인접토지에 대한 공중권을 확보하여 인접한 소규모 건물 위로 캔틸레버 방식으로 건물을 짓는 방법과 기존의 정원, 지하공간을 활용하는 방법 등이 있다. 증축부지의 선정에서 미리 검토해야 할 사항은 다음과 같다.

① 부지의 크기

고려해야 할 인자는 건물의 확장에만 관계되는 것이 아니라, 보다 더 많은 서비스 면적과 주차공간을 요구하게 되므로 부지의 크기는 이 부수적인 기능들을 수용할 만큼 충분해야 한다.

② 증축부지의 위치 선정

- 지역사회의 이해와 합치 여부 검토

  지역공동체와 관련하여 기존 시설의 존치여부를 확인하고, 역사적 건축물의 경우에는 기존 건물의 역사적 성격과 부지와의 관계가 보존되도록 해야 한다.

- 건축법과 지역지구제(Building Codes and Zoning)의 법적 검토

  (건폐율, 용적률, 높이제한, 건축선의 지정, 주차규정, 소방규정 등)

- 투자의 타당성 검토

2) 지형(Topography) 및 향의 검토

① 생태측면에서의 검토

기존 부지의 지형적 형세를 판단하여 지나친 지형변형이 가져 올 생태파괴와 이에 따른 부작용을 사전에 검토하는 것이 필요하다. 또한 새로운 확장부가 기존의 수림, 급수, 하수, 그리고 여러 자연요소에 미치는 부정적인 효과와 자연요소들을 복구하는 데 드는 대가를 동시에 고려해야 한다.

② 향(Orientation)에 대한 검토

'건물에 대한 출입구가 장래에도 바람직한 위치인가?'를 검토하고, 지역의 미세기후, 특히 태양의 이동방향에 따른 자연채광과 복사열 등이 건물의 에너지효율 측면에서 유리한지를 고려해야 한다.

3) 기타 사항 - 부지의 부대설비(site Utilities) 확인

기존 건물에 대한 서비스 공급시설이 확장된 건물에서도 제반 조건을 충분히 만족시켜 줄 정도로 적합한지의 여부 검토(정화처리 시스템, 하수배수 시스템 등)

(2) 미적 고려사항

새로운 증개축은 소유주의 요구사항, 그리고 기존 건물의 속성 등에 대한 건축가의 창의력과 감수성에 의하여 기존 질서의 맥락유지와 함께 개별성을 훌륭히 처리해야 한다.

1) 미적 통합을 위한 기본적 결정사항

① 새로운 증축부를 기존 건물과 동일하게 건축하여 최종 프로젝트가 하나의 통합된 것으로 보이도록 하는 것이 바람직한가?

② 새로운 구조물에서 기존의 특징들을 추출하며, 이를 반복시켜 기존의 건물을 보완하도록 해야 하는가?

③ 증축부를 기존 건축물의 단순한 배경이 되도록 할 것인가? 대비되도록 하여 각각은 구분되면서 조화되는 하나의 실체가 되도록 할 것인가?

2) 미적 고려항목

주변환경, 스케일, 대비, 형태, 리듬, 배경 요소로서의 증축, 유추적 도입, 재료, 연결 관계 등

건축은 도시환경의 구성요소로서 시간성을 두고 구축되어온 고유의 이미지를 내포하고 있다. 즉 거리 이미지, 건축 이미지와 실내 이미지로 구분해 볼 때, 증개축에서의 미적 고려는 기존질서가 갖고 있는 상징미학적 의미가 훼손되지 않고 유지되면서 새로운 아이덴티티를 구축하는 것이라고 할 수 있다. 이러한 측면에서 볼 때, 주변환경과 조화를 이루기 위하여 스타일, 스케일, 형태, 리듬, 재료, 연결 관계 등은 그 하나하나가 미적 고려사항으로 중요성을 띤다.

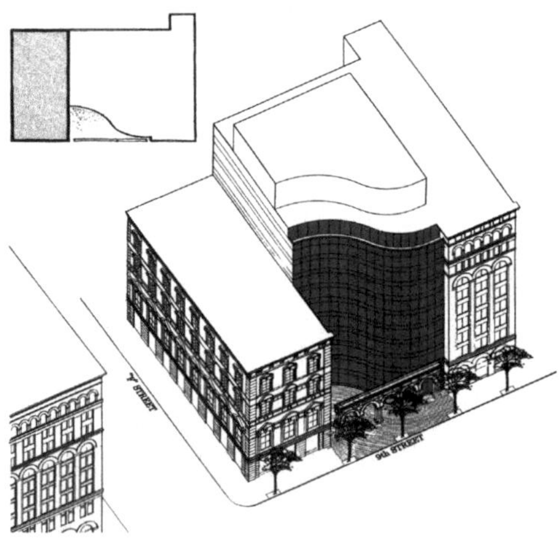

▶4.17

미국 워싱턴시 9번가와 F가에 1869년에 세워진 후 방치되고 있는 Masonic Temple에 대한 증권사무소와 소매복합건물이 증축안으로 건축가에 의하여 제안된 프로젝트. 이 증축안의 구성은 단편적인 세 개의 서로 다른 건물 모티브의 꼴라쥬로서 가로경관의 질을 높히려는 건축가의 의도를 볼 수 있다.

① 주변환경과의 조화

증개축은 해당 건물뿐만 아니라 그것이 위치한 주변 환경의 전반적인

조직과 관련되어야 하며, 특히 역사적인 양식, 스케일, 그리고 재료 등을 고려하여 연속성을 유지시키는 것이 무엇보다 중요하다.

② 형태의 조화

증축부를 기존 건물과 형태상으로 조화시키는 방법에는 여러 가지 기법이 동원되고 있다. 각 기법을 열거하면 다음과 같다.

■ 저층부 스케일의 유사화

증축부의 매스를 전체적인 모습과 조화되도록 하기 위해 기존 건물과 균형을 이루는 데 이용될 수 있으며, 증축부의 높이를 기존 건물의 높이와 맞추거나 보행자의 시점에서 그 높이가 일치되는 것처럼 만드는 일은 새로운 것과 오래된 것의 균형을 이루는 또다른 방법이 된다.

▶4.19 Walters Art Gallery 확장

최상부 2개 층의 가로에 면한 입면의 수평요소들은 후퇴시켜, 기존 건물의 요소들에 맞추어 배열. 그 결과 증축부는 보행자의 시점에서 볼 때, 매스와 높이에 있어서 기존 건물과 일치되는 것처럼 보임

■ 대비

종종 모티브를 모방하기보다는 서로 대비시킴으로써 기존 건물을 강조할 수 있다. 이 경우에 건축가는 전체적인 조합을 위해 자신의 설계가 부수적인 역할을 하도록 해야 한다.

▶4.19 Albright-Knox Art Gallery

증축부가 기존 건물에 물리적으로 연결되어 있더라도, 기존 건물과 신축 부분이 분리되어 있는 것처럼 보이면서 전체적으로 상호 존중되도록 함.

▲4.20

구겐하임 미술관의 경우, 기존의 완결적 형태에 배경요소로 증축부를 만들고, 기존 건물을 시각적으로 돕고 있다.

■ 배경요소로서 증축

새로운 증축부가 배경요소가 될 경우에는 기존 건물이 강조되어 나타난다.

■ 유추적 도입

유추적 도입은 기존 건축물의 두드러진 특징들을 관찰자들에게 상기시켜 주기 위해 시도하는 디자인방법이며, 기존 건축물의 핵심적인 내용을 재창조하는 것에서부터 건축물을 정확히 복제하는 것에 이르기까지의 여러 범위를 포괄한다. 특히 복제의 경우 성공적으로 작업을 수행하려면 기존 건물을 잘 알고 있어야 한다.

▶4.21 Nebraska Memorial Hospital

오래된 것과 새로운 것을 거의 완전히 조화시켜 식별하기 어려운 예로서, 건축가들은 기존 병원과 증축부의 디자인에 동시에 참여하여 기존의 것을 모방할 수 있는 이점을 발휘하였다(증축 전후 모습).

■ 연결관계

전체 프로젝트가 하나로 읽혀지도록 높이와 매스를 유지시켜 직접적인 연결을 꾀할 수도 있고 혹은 좁은 통로로 연결될 수도 있다.

③ 리듬 및 기타

리듬은 동일한 또는 비슷한 형태를 가지는 요소 및 모티브가 규칙적 또는 불규칙적인 간격으로 반복되는 패턴을 말하며, 리듬의 개념은 스케일, 재료, 매스, 그리고 높이와 같은 여러 개념들과 결합되어 사용된다.

참고사항 : 역사성이 있는 건축물의 증개축을 위한 대안들

역사적 건물의 증개축인 경우에 기술자와 건축자재의 확보 때문에 더 이상 기존 건물의 파사드를 복사하기에는 한계를 갖고 있다. 또한 기능적으로도 현시대에 대하여 적절하게 대응하는 데 부적절할 수 있으므로 건축가는 다른 미적 표현방식에 의존하는 경우가 많다. 증개축의 유형에 대한 계획방향의 대안을 정리해 보면 다음과 같다.

① 수평적, 수직적 증개축의 경우 : [복사, 대조, 유추적 도입, 맥락, 전이]

② 건물들의 일부보전

재난이나 화재로 인한 역사적 건축물의 증개축은 최대한의 개발과 동시에 기존건물의 일부를 보전하기 위해 다양한 방법을 채택할 수 있다. 참고로 정면 보존주의(Facadism)의 경우 역사적, 미적, 문화적으로 가치가 높은 기존 건축물의 일부, 특히 정면을 살려 주변과 조화를 꾀하면서 개발해나가는 방법이 하나의 좋은 예라고 할 수 있다.

③ 연결

기존 건물과 증축 건물 간의 연결방식은 기능과 미를 위해서 중요하다. 기능상의 적절한 상호관련성을 위하여 층고의 조절과 동선의 원활한 연결은 기술적 검토와 함께 시각적으로도 만족감을 줄 수 있는 연결방식으로 디자인하는 데 세심한 주의를 기울여야 한다. 이 경우에도 수평적·수직적 증개축의 디자인방법처럼 복사, 대조, 유추적 도입, 맥락, 전이 등의 기법이 적용될 수 있으며, 연결방법의 유형을 열거하면 다음과 같다.

[숨겨진 연결, 대조적인 연결, 연상적 연결, 돌출 또는 움푹 들어간 연결, 통로에 의한 연결, 폭넓은 연결]

▶4.22 기존의 파사드를 재도입하여 증축을 시도한 캠브리지에 있는 은행

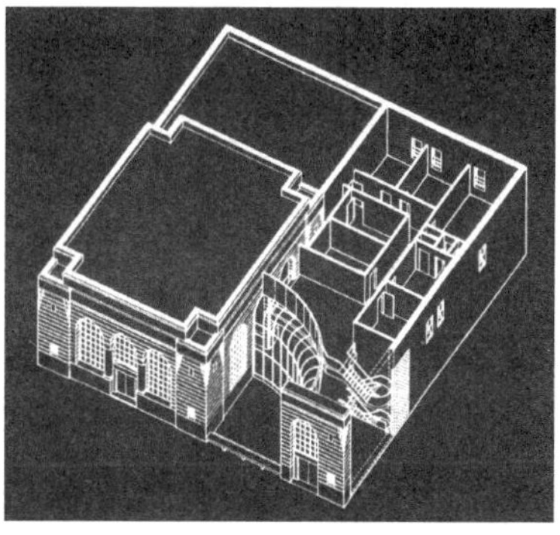

▶4.23 원래의 건물을 연상시키는 증축부 내부(좌)

▶4.24 전체 엑소노매트릭(우)

(3) 실내 고려사항

증축계획에서 실내 디자인은 새로운 건물의 실내만큼이나 다양한 형태를 지닐 수 있다. 건축가는 기존 건물이 확장되는 건물에 미치는 영향력을 평가하고, 다양성의 적용, 유추적 재현, 대조 등을 표현하기 위해 어떻게 그 문제를 다루어야 할 것인가를 결정해야 한다.

① 동선의 원활화

② 층고의 조정

기존 건물의 층고와 증축부의 층고를 일치시키기 어려운 경우, 수직적 동선체계가 있는 층들 사이에 전이공간을 도입하여 층고의 차이를 해결하는 방법이 가장 유효한 방법의 하나이며, 이 때 실내 빛환경을 생각하여 오픈 스페이스나 아트리움으로까지 적극적으로 확대할 수 있다.

▲4.24

미국 애리조나 볼티모어 호텔은 F.L. 라이트의 작품으로서, 새로운 객실 증축부의 카페 fire-place부분에 적용된 디테일을 볼 수 있다. 담당 건축가는 라이트의 고유 디자인을 훼손하지 않기 위해 기존 의장요소를 주의깊게 관찰하고, 이를 콘크리트 블록, 천장, 카펫 패턴 등에 적용시킨 세심한 노력을 보여준다.

③ 기존의 실내 보존과 적용

대체로 역사적인 건물인 경우는 원래의 실내 디자인을 모방하는 방식으로 이루어지므로 기존 건물을 철저히 탐구하고 형태와 마감, 색상까지도 재현시키려는 노력이 필요하게 된다. 이렇게 실내 디자인의 세부 디테일을 재사용하기 위해서는 일종의 조정과정을 거치게 되며, 이 과정에서 '기존의 것과 새로운 디자인의 두 가지 중에서 가장 좋은 것'이 시도된다.

④ 실내경관과 기존 건축물의 재도입

건물 증축 과정에서 얻는 많은 이점들 중의 하나는 프로젝트가 지속되는 동안 예상치 못한 대가를 얻을 수 있다는 것으로서, 기존의 외부벽 표면을 증개축부분의 실내벽으로 사용하거나 공사과정에서 드러난 기존 구조체의 일부를 의도적으로 실내 의장요소로 사용하는 효과를 얻을 수 있다.

▲4.25 기존 건물의 노출된 벽을 그대로 실내에 적용한 예

⑤ 증개축 부분의 빛환경

기존의 옛 건물과 증개축 건물간의 심미적 부조화의 방지와 실내 자연채광의 요구조건들을 해결하기 위해서 여러 가지 다양한 방법들이 사용되는데, 그 중에서 자연채광과 인공광의 적절한 결합 방식이 많이 활용된다. 그 방법으로는 천창의 설치, 이음부의 사이공간에 측창 설치, 아트리움에 의한 연결 등 다양하다.

▶4.26

증개축의 사이공간을 아트리움으로 처리하는 방법은 현대에 와서 많이 적용되고 있다.(좌)

▶4.27

미국 펜실베이니아의 신축된 사무동과 19세기 중엽의 연립주택 사이 공간은 아트리움을 통해 풍부한 자연광과 장소성이 있는 실내공간이 형성되었다.(우)

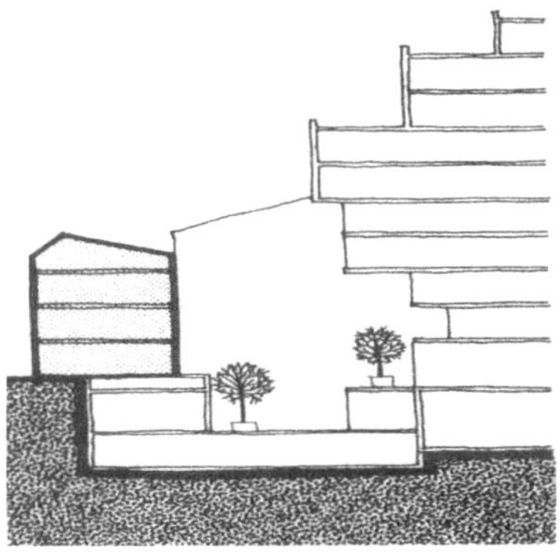

아트리움을 보여주는 단면

(4) 구조적 고려사항

증개축부의 구조적 해결방안들은 기존 건물의 구조적 시스템으로부터 얻을 수도 있으며, 또한 그곳에 미치는 영향력을 결정하기 위해 구조전문가의 기술적 도움을 필요로 한다. 판단기준은 진단자의 전문적 경험과 정량적 데이터에 의존하게 되며, 많은 입수자료를 분석·종합하여 적정한 판정과 공사범위를 결정해야 한다.

① 기존 조건의 확인

새로운 건물의 구조설계를 시작하기 전에 기존 구조체계가 새로운 증축부의 영향력을 수용하기 적합한 구조로 되어 있는지에 대해 검토해야 한다. 기존의 것에 대한 구조기술자는 평가결과에 따라 대상 건축물의 리노베이션 범위를 결정해야 하는데, 각 부문별로 철거 및 해체, 전면교체, 재배치 및 재활용, 부분적 보수·보강 여부를 종합적으로 판단해야 하며, 이 때 신중한 검토가 요구된다.

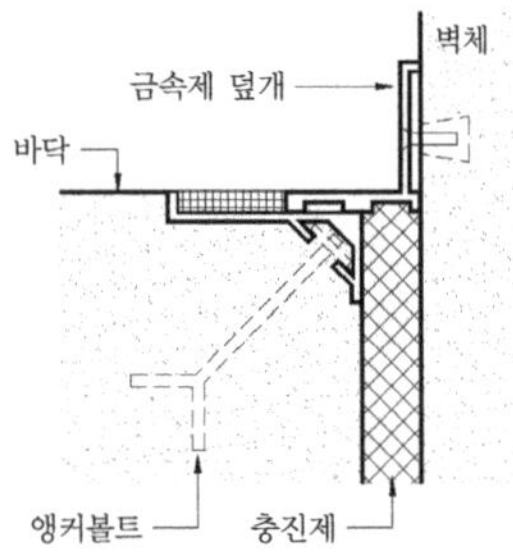

▲4.28 신축이음 상세도

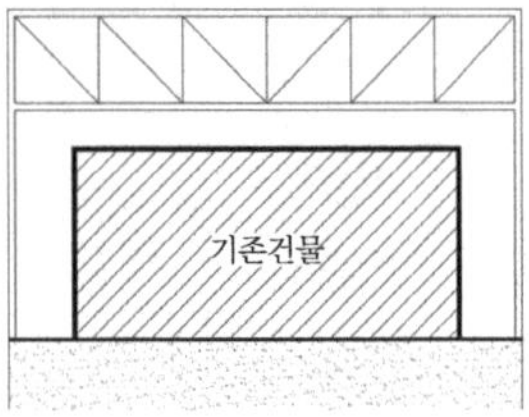

▲4.29

기존 건물의 외부에 새로운 구조시스템 도입으로 둘러쌈을 통한 확장이 가능하다.

② 수평 증축 – 침하와 신축이음

새로운 구조체는 기존의 '정착된' 건물과 '정착되지 않은' 새로운 증축 건물 사이에 필연적으로 발생되는 미세한 침하에 대응하기 위해 기존 구조체와 독립되어야 한다. 이러한 변화는 신축이음(expansion joint)의 활용으로 잘 처리될 수 있다.

③ 수직적인 증축 - 새로운 구조적 지원시스템과 보강

대부분의 수직적 확장은 새로운 구조적 지원시스템을 필요로 한다. 주로 기둥과 보 부분이 보강되어야 할 구조부재이며, 가장 보강하기 어려운 부분은 기초부분이다. 기초에 새로운 하중들을 추가로 지지해야 하는 곳에서는 기존 구조체에 필요한 강도만큼의 용량을 증대시키기 위해 보강해야 한다. 또한 둘러쌈을 통한 확장의 경우, 새로운 구조적 지원시스템과 부분적 보강이 병행되어야 한다.

④ 내부확장

기존 건물 구조체 내에 중2층이나, 발코니 등의 공간을 만드는 내부확장 방법은 새로운 층을 삽입할 수 있을 만큼 기존 건물의 층고가 충분한 여유를 가지고 있어야 하며, 또한 증가된 하중을 지탱할 수 있는 구조보강이 필요하게 된다.

참고사항 : 구조체의 보수·보강 공법

보수·보강은 건물의 피해복구 및 내구성 향상을 위해 소정의 요구성능을 회복시키는 데 목적이 있다. 그 종류 및 주요내용을 설명하면 다음과 같다.

1. 보수공법의 종류

표면처리공법, 주입공법, 충전공법 등이 있다.

2. 보강방법

구조내력이 부족한 콘크리트 단면에 접착·보강함으로써 구조물의 강도, 내구성 및 내진성능 등의 기능을 회복 또는 향상시키며, 보강의 종류에는 크게 다음과 같이 구분된다.

- 탄소섬유시트 보강공법

탄소섬유시트를 콘크리트의 외면에 부착하여 철근의 내력을 보완하는 공법

- 강판 보강공법

콘크리트구조물의 내력 부족을 구조물의 인장측 표면에 강판을 부착하여 내력을 향상시키는 보강공법이다. 강판을 보나 슬래브의 하단 및 상단에 접착하여 휨에 대한 내력을 증가시키거나 보의 측면에 접착하여 전단강도를 증가시키는 방법이 있다. 시공방법에 따라 강판접착공법과 강판압착공법으로 구분한다.

① 강판접착공법 : 이 공법은 강판을 설치한 후 강판 사이에 에폭시 접착제를 주입하는 방식으로서, 균열로 인한 강성의 저하 및 진동장애, 철근배근량이 부족한 부분에 사용할 수 있으므로 널리 사용되고 있는 공법이다. 그러나 에폭시 접착제의 선택에 따라 구조적 성능과 내구성이 좌우되므로 접착제의 선택에 유의를 요한다.

② 강판압착공법 : 이 공법은 강판접착공법과 달리 접착제를 강판에 일정량을 도포하여 콘크리트면에 접착시키는 방법이며, 접착제의 종류, 도포된 상태, 압착 정도에 따라 구조거동 및 보강효과가 달라지므로 시공중 강판압착상태에 대한 조사가 필연적으로 수행되어야 한다.

보강의 종류	보강 방법
휨보강	인장면 측의 표면에 부재축방향으로 탄소섬유 시트를 부착시키는 보강방법
전단보강	부재 표면에 축 직각방향으로 탄소섬유 시트를 감거나 부착시키는 보강방법
인성보강	탄소섬유 시트를 기둥에 띠철근 형태로 감아 콘크리트 극한변형의 증대, 피복콘크리트의 박락 및 기둥철근의 좌굴을 방지하여 기둥의 변형성능을 향상시키는 보강방법

3. 내진 보수·보강 방법

진동에 대응하기 위해서는 다음 4가지 기술의 조합에 의한 보수·보강이 필요하다.

① 지진 입력량을 저감

② 건물의 강도 향상

③ 건물의 변형능력 향상

④ 건물의 약점을 보강

(5) 기계적·설비적 고려사항

증개축 건물의 기계적·전기적 시스템의 설계는 대부분의 경우 신축 건물의 설계에서 요구되는 바와 같은 접근방법을 취한다. 증개축에 따른 설계검토사항은 다음과 같다.

① 새로운 요구조건들이 기존의 시스템에 미치게 될 영향
② 확장될 구조물을 지원하기 위해 도입되는 설비시설의 적절성
③ 확장될 여러 요소들의 위치와 분포 패턴
④ 기존 설비장치와 부품들의 상태
⑤ 기존 건물과 시스템들의 에너지 특성
⑥ 결합된 시스템의 유지관리 및 운용 특성
⑦ 새로운 확장공사가 이루어지는 동안 기존건물을 운용하는데 필요한 조건
⑧ 기타

1) 기존 시스템에 대한 영향

우선적으로 지방 조례를 조사하여 기존 시스템과 새로 도입될 시스템의 상호영향을 검토·확인할 필요가 있다. 또한 기존의 장치나 시스템의 수명에 관한 검토자료를 토대로 새로이 확장된 구조물이 하나의 시스템으로 운용될 것인지 아닌지를 분석해야 한다.

① 배관 시스템 : 하나의 시스템이 되도록 하는 것이 좋다.
② 냉 · 난방 시스템(HVAC Systems)
- 용량이 큰 새 보일러로 추가 혹은 대체하여 기존 부하와 새 부하를 동시에 처리할 수 있도록 하고, 기존 보일러는 예비적인 난방시스템으로 존치를 고려한다.
- 냉방 시스템에 있어서도 송풍장치, 냉매, 냉각탑과 관련하여 같은 문제들이 제기되어야 하며, 새 장치의 규모와 바람직한 여유용량에 대해서 결정해야 한다.

③ 전기 시스템

기존 시스템의 확장 혹은 두 시스템을 동시에 사용하는 등의 사항들은 기술적, 운영상의 문제일 뿐만 아니라 건물의 존치 기간별 비용분석을 통해 검토해야 할 재정적인 사항이다.

2) 유틸리티의 적합성

물, 가스, 전기, 우수, 배수, 오수 등에 대한 요건으로서, 일시적인 사용중지나 규제사항에 대하여 주의를 기울여야 한다.

① 가스 : 충분한 용량 공급 확인
② 오수관 : 새로운 시설의 바닥 높이를 고려
③ 우수관 : 부지의 지형과 지표면의 배수특성에 좌우
④ 상수도 : 기존의 상수 공급이 적합한지 판정
⑤ 전기 : 기존 시설용량 검토 및 추가시설에 대한 수용공간, 유입선, 변압기의 위치를 고려·확인

3) 위치와 분포

가능한 해결방법은 확장 건물의 기계실을 전체 건물의 중심부 가까이로 옮기는 것으로서, 수평적인 위치, 수직적인 거리를 동시에 고려해야 한다. 이 때, 기존 시스템들의 여유 용량뿐만 아니라 확장되어야 할 위치와 거리도 매우 중요한 고려사항이다.

4) 기존 장치의 상태 점검

① 몇몇의 증개축 프로젝트에서 기존 장치를 계속 사용하는 주된 이유는 그 장치의 잔여 수명으로 인해 그것을 보유하는 것이 비용상보다 효율적이라고 판단되기 때문이다. 비록 기존의 장치가 양호한 상태로 운용되고 있더라도 새로운 부하가 첨가됨으로써 악화될 수 있으므로 이러한 영향력을 주의깊게 고려해야 한다.
② 장치를 교체하거나 재사용하는 결정의 판단기준은 에너지 보존, 운영과 관리측면에 근거하며, 장치들이 양호하여 계속 사용 가능한 상태일지라도 장기적인 계획에 적합하지 못할 경우 장치에 대한 단계적 교체를 생각해야 하며, 기존의 장치를 최대한으로 활용하는 가운데 궁극적으로 모든 목표들을 달성할 수 있어야 한다.

5) 에너지의 고려

① 자연형의 태양열 효과 및 자연채광을 최대한 수용·설계하고, 가능하면 환기 · 증발 · 방열 또는 수증기 제거를 통한 자연적 냉방을 고려한다.

② 기존 장치와 배관, 덕트 등을 완전하게 보온처리하며, 냉난방 시스템을 효과적으로 대처할 수 있도록 적당한 구역으로 구분한다. 가능하면 통합된 냉난방 시스템, 열회수, 그리고 열저장 시스템을 설계하고, 부과될 부하에 적합한 규모의 장치를 설치한다.

③ 전등·전열시스템을 주의깊게 검토하고, 회로의 재배치를 고려해야 한다.

④ 효율적인 에너지운용을 위한 에너지관리 조절시스템의 설치를 고려하며, 예상될 수 있는 장래의 에너지 보존을 위한 조치에 대해서 준비한다.

6) 운용과 유지관리

건물에 대한 제반 시스템설계에서 건물의 운용적 측면에 대해 신중한 고려가 필요하다. 이러한 보이지 않는 부분에서 상당한 비용이 발생할 수 있기 때문이다.

7) 공사중 기존 건물의 운영

공사기간중 건물 사용자의 불편과 능률저하를 최소화해야 한다. 공사기간 동안 동선분리 및 여러 안전시설을 마련하여 건물 이용자의 보호와 안전을 최우선적으로 고려해야 한다.

8) 기타

새로운 증개축 설계에 있어 필요에 따라 엘리베이터, 에스컬레이터, 그리고 자재운반용 리프트와 같은 새로운 수직적 이동 시스템의 추가설치를 고려해야 한다. 이러한 추가 수직동선 시스템은 기존의 보, 기둥, 슬래브 등과 상충됨으로써 종종 구조적 문제점들이 발생할 수 있으므로 예상되는 장애요인들을 사전에 주의깊게 조사하여 계획과 설계에 반영해야 한다.

4.3 친환경적 리노베이션 사례

(1) 노먼 포스터의 독일 국회의사당 리노베이션

개 요

▲4.30 현재 국회의사당 전경

▲4.31 1983년 당시의 국회의사당 전경

건물 중앙의 높이 23m의 유리돔은 세계적으로 유명하며, 환경친화에 입각한 리노베이션 건축물의 대표적 사례로 꼽히고 있다. 1894년에 건립된 이 건축물은 1933년의 화재로 실내가 거의 완전히 파괴되었고, 이후 많은 보수를 통해 사용되어 오다가 1992년 개축 공모전을 통하여 노먼 포스터의 계획안이 선정되었다. 계획의 주요 관점은 다음의 4가지, 즉 - 국회의사당으로서의 기능, 역사성의 재현, 친환경적 건축의 실현, 경제성으로 요약된다.

최초 건립 당시의 돔 흔적을 되살리는 디자인 컨셉을 독일 국회의사당 리노베이션에 대입하여 1999년에 완성되었다. 기능상으로는 1층 대회의실, 2층 의장실, 3층 소회의실, 4층의 언론 및 방청석과 옥상 연결통로 및 돔 연결 램프로 구성되어 있다.

▲4.32 국회의사당 야경

▲4.33 돔 외부 전경

건축물의 특징

닫혀진 돔 공간의 구조가 열릴 수 있는 점이 이 건축물 구조의 가장 큰 특징이다. 둥근 지붕의 돔 내부에 설치된 원추형 부분은 표면의 거울 작용에 의하여 자연광을 홀에 반사·유입시키고, 또한 원추형 내부로 실내공기의 통풍을 가능하게 하고 있다. 즉 개폐가 가능한 돔구조인 것이다. 태양열을 반사와 흡수, 그리고 태양광의 실내로의 유입 등은 태양전지, 축열시스템과 함께 친환경적 건축으로서의 면모를 훌륭하게 갖추고 있다.

또한 관람객들을 돔 정상부까지 경사로를 따라 걸어올라갈 수 있도록 되어 있어서 도시의 전망과 함께 아래쪽의 의사당 대회의실 실내 전경을 볼 수 있도록 하고 있다.

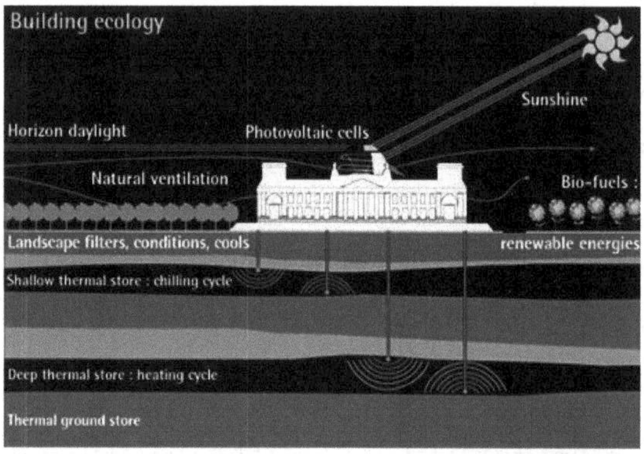

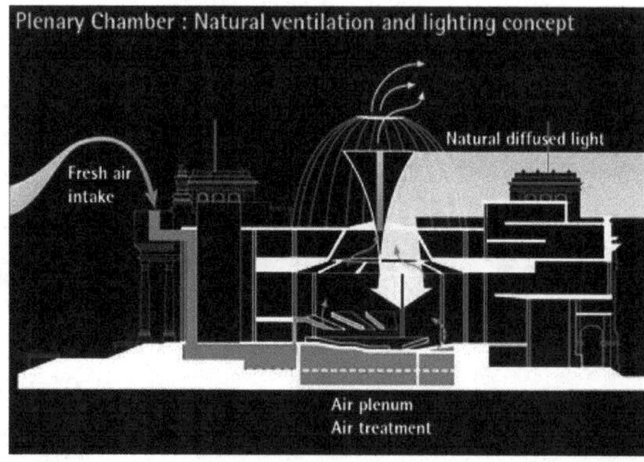

▲4.34 외부 에너지 분석도(좌)

▲4.35 외기 및 자연빛의 유입에 대한 개념도(우)

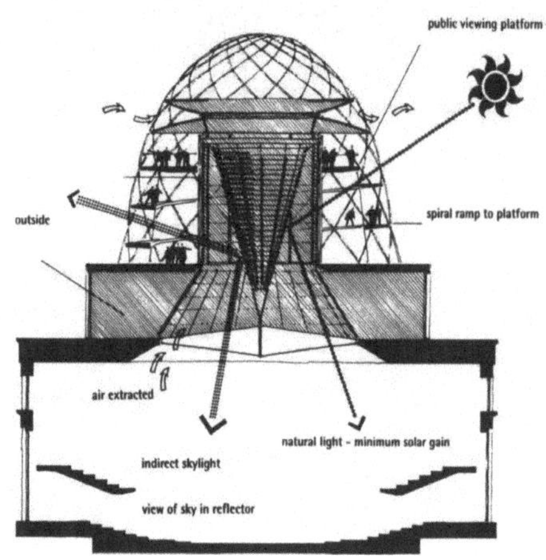

▶4.36

의사당 상부층에 설치된 원추형은 자연광과 환기, 그리고 거울작용에 의하여 의사당 실내 전경을 볼 수 있도록 고안되었다.(좌)

▶4.37 자연채광의 조망 설명도(우)

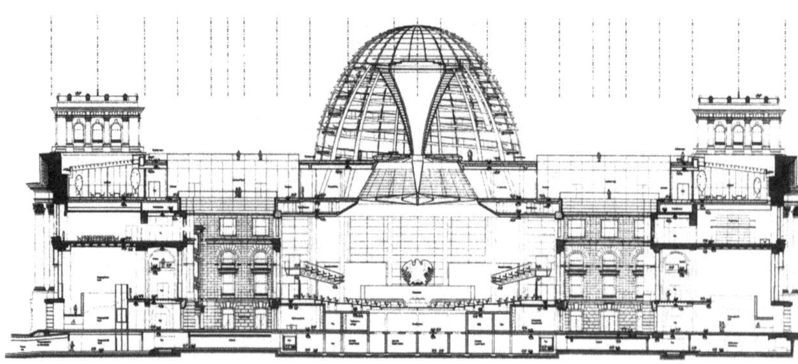

▶4.38 돔부분의 단면도

(2) 신 펜실베이니아 역사(New Pennsylvania Station, 뉴욕, 미국 - S.O.M., 2003)

1963년 옛 펜실베이니아 역사는 철거되고, 새로운 역사가 SOM에 의하여 설계되어 2003년에 개관 예정이다. 옛 건축이 갖고 있던 도시의 상징성과 고속철도의 신기원을 상징하는 새 역사는 Farley 빌딩(우체국)을 개조하여 본래의 우편업무와 역사의 기능을 겸하도록 계획되었다. 그 입구는 본 건물과 부속건물 사이에 높이 약 45m의 구형 트러스로 이루어져 옛 건축양식의 우체국이 지닌 근엄함에 새로운 활력을 불러 일으키도록 의도되었고, 또한 유리로 새롭게 뒤덮힌 우체국 중정의 역사 콩코스는 풍부한 자연광의 유입과 옛 도시경관의 요소를 대합실에서 볼 수 있도록 배려한 결과이다.

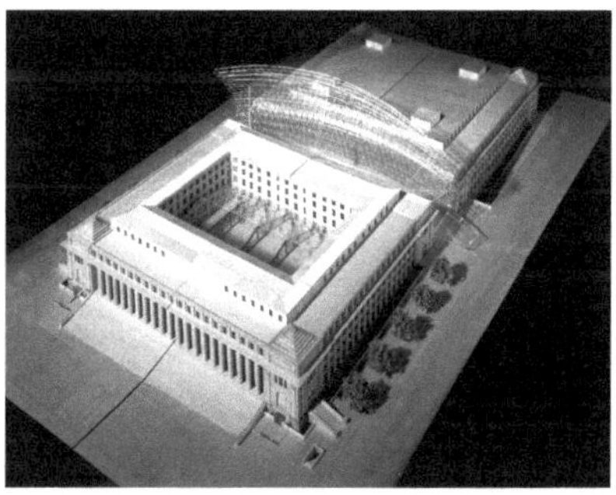

▶4.39 신역사의 모형사진(좌), 야경(우)

▶4.40 새로운 역사(우)와 우체국 전경(좌)

▲4.41 대형 트러스로 형성된 새 입구

(3) 오르세 미술관(The Orsay Museum, 파리, 프랑스, Gae Aulenti, 1980~86)

루브르와 튈르리 공원을 마주하고 있는 오르세역은 1900년의 만국박람회를 위하여 호텔과 함께 세워져 사용되다가 1939년에 이르러 사용중지되었고, 그 후 1980년대 개축 이전까지 다양하게 쓰여졌다. 1970년에 철거의 위기를 거치며, 그 후 1978년에 이 일대의 모든 건물들이 국가적 기념물로 지정되는 것을 계기로 새로운 전기를 맞게 되었다.

1980년 실내와 미술관 설비를 위한 공모전에서 이탈리아 건축가 가에-아우렌티가 당선되어, 1986년 12월에 19세기 프랑스 미술품의 전시공간으로 거듭나게 된다. 설계에 있어서는 오르세역의 원 디자인을 존중한 개조로 앞 뜰, 유리로 된 천창과 정문, 그리고 측량, 내부정리 등으로 새로운 전시공간을 형성하고 있다. 훌륭한 빛환경, 전시조건, 안전 및 안락을 갖추고 있는 공간으로서, 루브르 및 퐁피두센터와는 또다른 문화적인 면을 보여주고 있다. 오늘날 이 미술관에는 19세기 후반의 낭만주의 및 인상주의 회화, 조각, 그 밖에도 다양한 분야의 예술작품 전시공간으로 활용되고 있다.

▼4.42 개축 후의 미술관 내부 풍경(좌)

▶4.43

쎄느강에 면한 오르세 미술관 전경(옛 시가지 풍경과 함께 조화를 이루고 있다.)(우 · 상)

▼4.44 구 역사의 정거장 풍경(우 · 하)

(4) 테이트 현대미술관(Tate Gallery of Modern Art, 런던 - Herzog & De Meuron, 2000)

개요

거대한 직육면체 벽돌조의 화력발전소 건물(Bankside Power Station)은 1963년에 지어져 사용되어 오다가, 1983년 이후 영국 런던 한복판에 산업폐기물로 1994년까지 방치되어 왔다. 그 후 런던 국립미술관(Tate Gallery)측에서 인수하여 미술관으로 개조할 계획을 수립하고, 1995년 현상설계를 공모해서 총 148개 팀의 참가로 치열한 경쟁결과 Herzog & De Meuron의 안이 채택되었고 2000년에 완공되었다.

Herzog & De Meuron의 안은 거대한 건축물의 외관 및 구조체를 그대로 유지한 채 현대미술관으로 전환하는 방법으로서, 외관상의 변화는 단지 옥상에 세워진 빛나는 거대한 유리 발코니 뿐이다. 이 미술관이 문을 열자 많은 찬사 – '산업시대의 대성당', '미술 발전소' 등의 찬사가 잇달았으며, 템즈강 맞은편과 밀레니엄 보행자 다리로 연결되면서 서더크 구역이 런던 중심부에 편입되었고, 산업화가 지체된 이 지역에 새로운 활력을 부여하게 하는 도시적 중요성을 가미하게 되었다.

▲4.45 테이트 미술관의 야경과 낮 풍경

디자인 개념 및 특징

디자인의 주요개념은 템즈강 유역의 건축물들이 갖고 있는 특성을 그대로 살릴 수 있도록 고려되었다. Tate Gallery는 미니멀의 입장에서 기존의 구조체를 최대한으로 사용하고, 단지 새로운 갤러리와 필요한 공간을 단순한 볼륨 첨가 정도에서 해결했는데, 이는 기존 발전소의 벽돌조 외관을 포함한 건축물 전체 외형과 중앙에 솟아 있는 높이 97.5m의 굴뚝을 그대로 유지시킨 것으로서, 원설계자 Gilbert Scott 경의 건축의도를 존중하고, 또한 지역이 갖고 있는 전통과 역사를 현대식으로 계승해 나가는 지혜로 해석된다.

옥외 전시공간의 경우, 보행자의 시선을 유도하도록 계획되었고, 관객과 예술작품이 만나는 장소성을 형성하고 있으며, 내부 전시공간의 경우 면적과 천창의 변화, 내부 파티션의 패턴변화로 다양한 공간적 체험을 제공하고 있다. 전시구역에는 차분함과 집중의 분위기가 연출되는 반면에 공공의 장소에서는 완전히 다른 분위기가 조성되도록 하고 있다.

지붕 중앙부분의 유리구조는 5개 층의 전시공간 중 2개 층에 자연광을 유입하도록 하며, 또한 상층부에서 관람객들이 런던 시내를 조망할 수 있도록 하고 있다. 야간에는 유리지붕에 조명을 투사함으로써 런던 시내에서 볼 때, 이곳이 마치 빛나는 궁전처럼 보이는 효과를 얻어내고 있다.

▶**4.46** 발전소 당시의 내부(좌)와 개축 후의 미술관 내부 풍경(우)

참고문헌

■건축론 / 건축역사 분야

- a GLC study, an introduction to Housing Layout, the Architectural Press, 1978.
- A. Rapoport, 이영·삼간역, 건조환경의 의미, 태림문화사, 1995.
- Arnheim, Rudolf, 김재은 역, 예술심리학, 이화여대 출판부, 1995.
- Arnheim, Rudolf, 김정오 역, 시각적 사고, 이화여대 출판부, 1997.
- Arnheim, Rudolf, 김춘일 역, 미술과 시지각, 미진사, 1996.
- Arnheim, Rudolf, 정용도 역, 예술과 엔트로피, 눈빛, 1995.
- B. Rudofsky, 심우석 역, 건축가 없는 건축, 미건사, 1995.
- C. Haberlik, 안인희 역, 20세기 건축, 해냄, 2002.
- C. Wiseman, I.M. Pei, Abrams, 1990.
- Christopher Day, "Places of the Soul", Aquarian, 1990.
- Jenchs, Charles, 조희철,우창훈 역, 네오모던건축, 공간예술사, 1992.
- Kenneth Powel, Richard Rogers, Studio Paperback, 1994.
- Lang, Jon, 조철희,김경준 역, 건축이론의 창조, 도서출판 국제, 1991.
- Luca Molinari, North American Architecture Trends 1990-2000, Skira Architecure Library, 1999.
- Paolo Riani, John Portman, AIA press, 1990.
- R. McCarter, "F.L.Wright", Phaidon, 1997.
- R. Weston, "Alvar Aalto", Phaidon, 1995.
- Stan.islaus von Moos, Le Corbusier Elements of a Synthesis, the MIT Press, 1983.
- Udo Kultermann, Kenzo Tange, GG, 1989.
- ----, Alvar Aalto, A+U, 1988.
- ----, Hugh Stubbins, process, 1979.
- William J.R. Curtis, Modern Architecure since 1900, Phaidon, 1996.
- 保板陽一郎 저, 박정우 외 역, 창, 기문당, 1987.
- 이근택, 유기적 구성체계에 따른 현대건축의 표현에 관한 연구, 영남대학교 대학원 박논, 1994.
- 이원교, 전통건축의 배치에 대한 지리체계적 해석에 관한 연구, 서울대학교대학원 박논, 1993.
- 임승빈, 경관분석론, 서울대학교 출판부, 1996.
- 정만영, 건축형태의 자의적 생성에 관한 연구, 박논, 1992.

■리노베이션 분야

- A.C. Moore, the power of preservation, Mcgraw-hill book company, 1998.
- D.R. Dibner & A. Dibner-Dunlap, 하재명 역, 건축증개축디자인, 태림문화사, 1995.
- ----, 건물 리모델링 매뉴얼, 노지연 역, 한국건설산업연구원, 2000.
- James Steele, Sustainable Architecture, Mcgraw-hill book company, 1997.

- M.F. Schmertz, New Life for old buildings, Mcgraw-hill book company, 1982.
- 동정근, 장소의 기억을 담는 건축, 플러스 9609
- 삼성물산 건설부문, 건축기술 실무이야기, 공간예술사, 2001.
- 양상호, 시대의 흔적을 담는 도시공간의 보존, 플러스 9609
- 주서령 외, renovation의 타당성에 관한 연구, 대한건축학회 학술발표논문집 1987.10.
- 최현 외, 건축물 리노베이션을 위한 평가기법 및 프로세스에 관한 고찰, 대한건축학회 논문집 1997.10.
- 한만원, 리노베이션의 건축적 인식, 플러스 9803

■환경친화 분야

- A.J. Davis & R.P. Schubert, Alternative Natural Energy Sources, VNR. comp., 1981.
- D. Watson, Climatic Design, McGraw-Hill book comp., 1983.
- F. Jager, Solar energy applications in house, Pergamon press, 1981.
- G.O. Robinette & C. Mcclennon, Landscape Planning for Energy Conservation, VNR. comp., 1983.
- H. Buhse, 김현수 역, 킬하세 생태주거단지의 건설경험, 대한건축학회지 건축 42-9호, 1998. 9.
- J. Barnett, an introduction to Urban Design, harper & Row publishers, 1982.
- J. Cook, Award winning Passive Solar Design, McGraw-Hill book comp., 1984.
- K. Butti & J. Perlin, Golden Thread, Cheshire Books, 1980.
- M. Guzowski, Daylighting for Sustainable Design, McGraw-Hill book comp., 2000.
- M. J. Bednar, the new Atrium, Mcgraw-hill book company, 1986.
- Michael J. Bednar. "The new atrium", McGraw-Hill book comp., 1986.
- Richard Saxon, "Atrium buildings", Van Nostrand Reinhold company, 1983.
- Sophia and Stefan Behling, Sol Power, Prestel, 1996.
- Steven Ternoey 외, the design of energy responsive commercial buildings, J. Wiley & Sons, 1985.
- Steven Ternoey, "The design of energy responsive commercial buildings", 1985.
- Steven Ternoey, "The design of energy responsive commercial buildings", 1985.
- Thomas Herzog, Solar energy in Architecture and Urban Planning, Prestel, 1996
- Univ. of Minnesoda, Earth Sheltered Housing Design, Van Nostrand Reinhold Co., 1978.
- ----, Solar & Underground Houses, Process, 1981.
- Victor Papanek 저, 조영식 역, 녹색위기, 조형교육, 1998.
- W.M..C. Lam, Sunlighting as formgiver for architecture, VNR. comp., 1986
- 김강수외, 천창형 아트리움 건물의 냉난방 및 조명에너지 평가에 관한 연구, 대한건축학회 논문집, 1995.12.
- 김광우, 건축과 자연에너지, 설비저널 30-1호, 2001. 1.
- 김명자, 지속가능한 건축으로의 패러다임 전환, 플러스 9609

- 김수암, 환경친화적 건축의 계획과 설계, 대한건축학회지 건축 41-12호, 1997.12.
- 김현수, 생태도시의 실현을 위한 기반기술의 개발, 대한건축학회지 건축 41-12호, 1997.12.
- 김현호, 친환경도시개발과 도시설계의 역할, 대한건축학회지 건축 41-12호, 1997.12.
- 김홍식, 친환경 주거단지의 계획방향 및 해외사례, 대한건축학회지 건축 46-2호, 2002.2.
- 박상동 외, 친환경건축물의 인증 평가시스템, 대한건축학회지 건축 46-2호, 2002.2.
- 양병이, 친환경적 공간재생의 방법- 환경보전도시, 플러스 9609
- 윤영선, 건물 성능개선의 당위성과 향후시장 전망, 대한건축학회지 건축 44-7호, 2000.7.
- 윤종호, 환경친화적 건축방법과 건물의 미래상, 대청마루, 1996 no 12.
- 이강훈, 아트리움 건물의 화재안전에 관한 연구, 대한건축학회 논문집, 1994.8.
- 이규인, 건축물 환경인증제도의 정착을 위한 제언, 대한건축학회지 건축 46-2호, 2002.2.
- 이규인, 세계의 테마형 도시집합주택, 발언, 1997.
- 이승언, 친환경 건축물 평가의 정량적 접근방안, 대한건축학회지 건축 46-2호, 2002.2.
- 이승언, 통기구조를 이용한 지하공간의 에너지절약 시스템, 대한건축학회지 건축 44-12호, 2000. 12.
- 임상훈 외, 자연친화건축, 고원, 2002.
- 장동민, 환경친화적 도시계획, 대한건축학회지 건축 42-9호, 1998.9.
- 조동우, 친환경건축과 에너지절약 설계기술, 대한건축학회지 건축 42-9호, 1998.9.
- 함정도, 아트리움의 실내공간 디자인 기법에 관한 연구, 홍대 환경대학원 석논, 1984.

- www.architectureasia.com/malaysia
- www.betrl.skku.ac.kr
- www.kkj.or.jp
- www.nier.go.kr
- www.ecohouse.jugong.co.kr
- www.eere.energy.gov
- www.home.snu.ac.kr
- www.gbc-korea.co.kr
- www.sia.org.sg

■환경기술 분야 및 기타

- W.J.McGuinness, Mech. & Elect. Equipment for Buildings, John Wiley & Sons, 1980.
- M. David Egan, 박종호 역, 건축조명개론, 기문당, 1992.
- 이경회, 건축환경계획, 문운당, 1986.
- 이경회, 건축계획방법, 문운당, 1999.
- 전경배 외, 건축법규해설, 세진사, 1998.
- 岩井一三, 건축설비의 기본계획, 기술문화사, 1980.

친환경건축의 이해

2006년 8월 25일 1판 1쇄 발행
2024년 8월 30일 1판 7쇄 발행

저 자 함 정 도 노 정 선
발행처 기 문 당
주 소 서울 성동구 무학봉28길 4-1
전 화 2295-6171~2
팩 스 6971-8188
홈페이지 http : // www.kimoondang.com
I S B N 978-89-7086-537-9 93540